JN253784

地球温暖化シミュレーション
―地質時代の炭素循環―

柏木 洋彦
鹿園 直建

慶應義塾大学出版会

はじめに

人間活動による化石燃料の消費によって大気中の二酸化炭素（CO_2）濃度が上昇し，これにより地球の平均気温が上昇する――これは，いわゆる「地球温暖化」としてよく知られている。

これに対して，本書がとりあげる「地球温暖化」とは，より一般的な概念としての地球温暖化である。すなわち，CO_2 の放出が人間活動によるか否かを問わず，そのような温室効果ガスにより地球の平均気温が上昇する，という現象一般を指す。この意味での「地球温暖化」，またはその逆の「地球寒冷化」によりもたらされる地球環境変動は，これまでの地球史にわたって繰り返されてきたことである。そして，このような地球気候変動をコンピュータシミュレーションによって「復元する」方法を紹介することが，本書の目的である。

そもそも，有史以前の時代，すなわち地質時代の気候変動を解明することは，地球科学分野における古くて新しい課題であり，そのためには，一般的にいわゆる「プロキシ」を用いることが多い。たとえば，氷床コアや化石といった何らかの媒体の化学成分，同位体比などを分析し，これらの結果に基づき間接的に当時の気候を推定する。これに対して，本書で取り上げるのは，このような分析的手法ではなくコンピュータシミュレーションによる数値的手法である。

そして，本書で取り上げるその気候モデルは「炭素循環モデル」である。これは，地質時代の地球環境が炭素循環によってコントロールされてきたという理解に基づくものである。現代のいわゆる「地球温暖化」の文脈で前提とされている炭素循環は，いうまでもなく，化石燃料の燃焼による CO_2 の大気中への放出を含む大気－海洋間の炭素の循環である。しかしながら，「炭素循環」は本来，大局的・長期的にみると，そのようなプロセスだけで成り立っているのではない。そもそも炭素は石灰岩として岩石圏にも大量に存在している。また，二酸化炭素が大気に放出されるというプロセスは，化石燃料の消費だけでなく，陸上や海底での火山活動によっても引き起こされる。そして，これらのプロセスは，対象とする時間スケールが長くなるほどその影響が大きくなるという特徴がある。本書は，このように炭素循環を時間的・空間的に広く捉えた場合における地球規模の炭素循環の数値モデル，すなわち地質時代におけるグローバル炭素循環モデルを解説している。

本書の構成は以下のとおりである。まず第1章で，地質時代におけるグローバル炭素循環がどのようなプロセスによって成り立っているかなど，地質時代の炭素循環に関する基礎的知識を解説する。第2章では，グローバル炭素循環モデルの単純な例を示したうえで，実際に用いられているいくつかの代表的なモデルについて解説する。

次に，第3章では，地質時代の古気候の代表的な推定方法である地球科学的プロキシとその原理について説明し，第4章で，プロキシに基づき得られた，地質時代の1つの時代である新生代（過去約6500万年）の気候変動に関する知見を解説する。そして第5章において，この新生代を対象としたグローバル炭素循環モデルを解説するとともに，これを利用した他の地球化学モデルについても紹介する。最後に，第6章で，これらのモデルとプロキシの結果を比較しながら，新生代の気候変動やその原因について，解説・検討を行なう。

本書を通じて，気候モデルで過去を復元するという意義について考えていただくとともに，炭素循環とは本来どういうものなのかということを考えるきっかけにしていただければ幸いである。

2014年12月

著者しるす

目　次

第1章
グローバル炭素循環とは

炭素原子は地球において，さまざまな化合物を形成している。たとえば海洋では炭酸イオン，大陸では炭酸カルシウム，大気では二酸化炭素を形成している。これらの炭素化合物が地球の表層および内部を，その形態を変えながら循環している。これが「グローバル炭素循環」と呼ばれているものである。

ただ，一言でグローバル炭素循環といっても，そのプロセスは，着目する時間のスケールによって内容が異なっている。たとえば，いわゆる「地球温暖化問題」の文脈で語られるグローバル炭素循環は，数十年ないし数百年の時間スケールであり，海洋圏－大気圏の間の循環，およびこの循環に対する人間社会の影響が重要である。これに対して，本書が対象とする地質時代のグローバル炭素循環では，岩石圏がかかわるプロセスが重要である。具体的には，風化作用と，火成作用－変成作用（いわゆる脱ガス）とからなる無機炭素の循環が重要である（**図 1.1**）。この2つのプロセスは，以下の反応（Ebelmen-Urey 反応という）によって表わすことができる。

$$CaSiO_3 + CO_2 \Longleftrightarrow CaCO_3 + SiO_2 \qquad (1-1)$$

$$MgSiO_3 + CO_2 \Longleftrightarrow MgCO_3 + SiO_2 \qquad (1-2)$$

左辺から右辺への反応は，珪酸塩の風化を表わしている。この風化には物理的風化と化学的風化があるが，ここでは後者の化学的風化が重要である。化学的風化により，大気中の CO_2 が大気から除去され，河川などを通じて炭素イオンという形で海洋に運搬されて，炭酸塩として海底に沈殿する。一方，右辺から左辺への反応は，火成作用－変成作用を表わし，炭酸塩が熱分解するなどにより大気中に CO_2 が放出されるというものである。

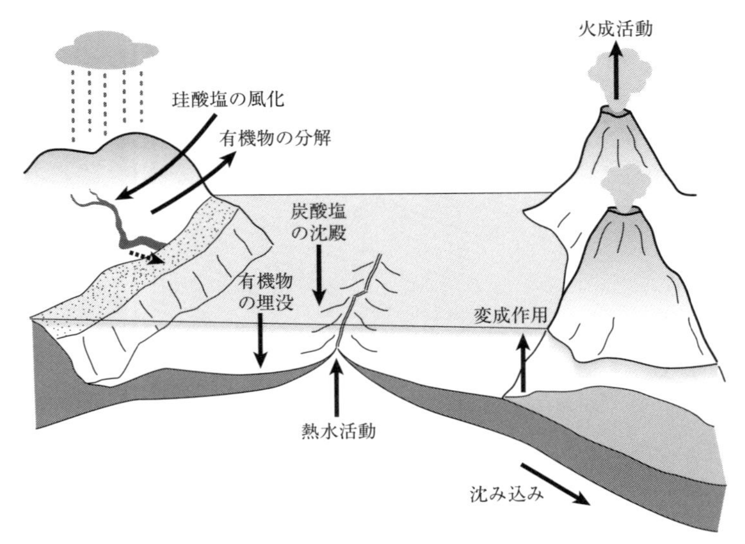

図 1.1　長期的なグローバル炭素循環（Berner 1999 を改変）

式（1-1），（1-2）からわかるように，地質時代における大気 CO_2 濃度は，風化作用と火成作用－変成作用とのバランスによって規定されている。

グローバル炭素循環には，上記とは異なる炭素の循環もある。それが有機炭素の循環であり，次式で表わすことができる。

$$CO_2 + H_2O \Longleftrightarrow CH_2O + O_2 \quad (1\text{-}3)$$

ここでは，有機物を“CH_2O”と簡略化して表わした。左辺から右辺の反応は，植物の光合成（有機物の合成）および埋没を表わす。植物は光合成により大気中の CO_2 を取り込み，最終的にこれを有機物として固定する。この有機物がのちに海洋に運搬されて海底に堆積することになる。一方，右辺から左辺への反応は，有機物の酸化的風化を表わしている。頁岩（けつがん）などの堆積岩中に含まれる有機物（ケロジェン）の酸化によって，CO_2 が大気に放出される。

なお，式（1-3）が示す「光合成」とは，光合成反応そのものではなく，光合成による有機炭素の生成分から植物の呼吸による CO_2 の排出分を差し引いた，炭素の「正味の」生成プロセスを表わしている。

このように，長期的時間スケールにおけるグローバル炭素循環は，風化作用および火成作用－変成作用による無機炭素の循環と，光合成および埋没－酸化的風化という有機炭素の循環とからなる（Berner 2004）。

次に，これらのプロセスについて詳しく説明する。

1.1　風化作用

風化作用は大気中の CO_2 を除去するので，火成作用－変成作用といった脱ガスによる大気 CO_2 濃度の増加を抑える結果となる。その意味で風化作用は，長期的にわたって地球表層環境（大気圏・海洋圏）を安定化させる役割を担ってきた。

グローバル炭素循環との関係でとくに重要な風化は，珪酸塩の風化と炭酸塩の風化である。このうち，カルシウム珪酸塩（Ca 珪酸塩）とマグネシウム珪酸塩（Mg 珪酸塩）は，以下のようにして大気 CO_2 と反応する。

$$CaSiO_3 + 2\,CO_2 + H_2O \longrightarrow Ca^{2+} + 2\,HCO_3^- + SiO_2 \qquad (1\text{-}4)$$

$$MgSiO_3 + 2\,CO_2 + H_2O \longrightarrow Mg^{2+} + 2\,HCO_3^- + SiO_2 \qquad (1\text{-}5)$$

生成した炭酸水素イオン（HCO_3^-）は，河川や地下水を通じて海洋に運搬され，以下のような反応により海洋で炭酸塩を形成し，これが沈殿する。

$$Ca^{2+} + 2\,HCO_3^- + H_2O \longrightarrow CaCO_3 + CO_2 + 2\,H_2O \qquad (1\text{-}6)$$

ここで，式（1-4）と式（1-6）を足すと，以下のようになる。

$$CaSiO_3 + 2\,CO_2 + 2\,H_2O \longrightarrow CaCO_3 + CO_2 + SiO_2 + 2\,H_2O \qquad (1\text{-}7)$$

この式は一連の風化作用を表わしている。つまり，Ca 珪酸塩の風化により大気から CO_2 が除去され，炭酸塩として地殻に固定されることを示している。

次に，Mg 珪酸塩の風化はどうか。Ca 珪酸塩と同じように考えれば，風化作用により海底には $MgCO_3$ も沈殿しそうであるが，実際の海洋では $MgCO_3$ はあまり沈殿していない。つまり，Mg 珪酸塩の風化は Ca 珪酸塩の風化と異なっている。これは，Mg^{2+} の大部分は海底熱水作用により海底玄武岩のカルシウムと交換されてしまい，Ca^{2+}が海水に溶出するためである（$Mg^{2+} + CaO \longrightarrow MgO + Ca^{2+}$）。これにより，式（1-7）によって$CaCO_3$が沈殿する。その結果，$MgCO_3$はあまり沈殿しないことになる。

このように，Ca珪酸塩やMg珪酸塩が風化することにより，大気中のCO_2は減少する。なお，ナトリウム珪酸塩（Na珪酸塩）やカリウム珪酸塩（K珪酸塩）も，式（1-4）や（1-5）と同様の溶解反応を起こすが，Na^+やK^+の炭酸塩はとても溶解しやすく，またNa^+やK^+をCa^{2+}に置換するプロセスもないので，大気中のCO_2は減少しない。

なお，式（1-7）の$CaSiO_3$はCa珪酸塩の端成分を表わしたものであり，実際にはさまざまな組成をもつ珪酸塩が風化している。たとえば，斜長石（Na：Ca = 1：1の珪酸塩）の溶解反応は次式で表わすことができる。

$$2\,Na_{0.5}Ca_{0.5}Al_{1.5}Si_{2.5}O_8 + 3\,CO_2 + 4.5\,H_2O \longrightarrow 1.5\,Al_4Si_4O_{10}(OH)_8 + 2\,SiO_2 + Na^+ + Ca^{2+} + 3\,HCO_3^- \quad (1\text{-}8)$$

次に，炭酸塩の風化について説明する。炭酸塩の風化は，珪酸塩の風化と異なり，大気CO_2を減少させないという特徴がある。まず，カルシウム炭酸塩（Ca炭酸塩）やマグネシウム炭酸塩（Mg炭酸塩）は，大気CO_2と以下のように反応し溶解する。

$$CaCO_3 + CO_2 + H_2O \longrightarrow Ca^{2+} + 2\,HCO_3^- \quad (1\text{-}9)$$

$$MgCO_3 + CO_2 + H_2O \longrightarrow Mg^{2+} + 2\,HCO_3^- \quad (1\text{-}10)$$

生成した炭酸水素イオンは，海洋で以下のように反応し，炭酸塩が沈殿する。

$$Ca^{2+} + 2\,HCO_3^- + H_2O \longrightarrow CaCO_3 + CO_2 + 2\,H_2O \quad (1\text{-}11)$$

ここで，式（1-9）と式（1-11）を足すと，以下のようになる。

$$CaCO_3 + CO_2 + 2\,H_2O \longrightarrow CaCO_3 + CO_2 + 2\,H_2O \quad (1\text{-}12)$$

この式は，炭酸塩の溶解－沈殿という一連の風化作用を表わしている。この式において，左辺と右辺は同じであるが，これはむろん，反応が起きていないということではない。炭酸塩の風化は，長時間スケールでみた場合，究極的には

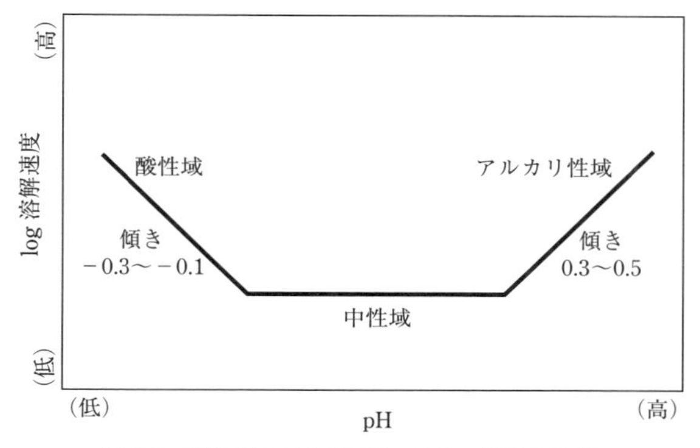

図 1.2 珪酸塩の風化速度と pH の一般的な関係

大気 CO_2 濃度の減少をもたらさないということを意味している。これは，珪酸塩の風化と明確に異なる点である。したがって，長期的グローバル炭素循環において珪酸塩の風化と炭酸塩の風化を区別することは，きわめて重要である。

珪酸塩，炭酸塩などの鉱物の風化速度については，多くの実験的研究がなされている（Lasaga 1984；Blum and Stillings 1995；Plummer *et al.* 1978；Chou *et al.* 1989 など）。このうち珪酸塩の反応速度は，酸性領域では pH，アルカリ性領域では pOH に大きく依存し，中性付近では pH や pOH に対する速度依存性が小さい。中性付近では反応速度自体が遅い（**図 1.2**）。

珪酸塩鉱物の反応速度は，一般的に次式のように表わすことができる。

$$R = k_{H^+}[H^+]^n + k_n + k_{OH^-}[OH^-]^m \tag{1-13}$$

ここで，n，m は定数である。また，k は反応速度定数であり，室内実験や野外実験によって経験的に求められる。

ここで興味深いのは，風化速度の実験値と野外実測値には大きなちがいがあり，前者は後者の 10 倍から 1000 倍も速いことである（Swoboda-Colberg and Derver 1993；Sverdrup and Warfvinge 1995）。この理由としては，反応比表面積のちがい，水岩石比のちがいのほか，実地では実験条件と異なり固相と液相とが平衡状態にかなり近いことがあげられる（White and Brantley 2003）。

珪酸塩と同様に，炭酸塩の風化速度も古くから検討されており，とくにその溶解・沈殿のメカニズムは詳しくかつ定量的に研究されている。炭酸塩の溶解・沈殿は，次の反応式により表わすことができる。

$$MeCO_3 + H^+ \longrightarrow Me^{2+} + HCO_3^- \quad (1\text{-}14)$$

$$MeCO_3 + H_2CO_3 \longrightarrow Me^{2+} + 2\,HCO_3^- \quad (1\text{-}15)$$

$$MeCO_3 \longrightarrow Me^{2+} + CO_3^{2-} \quad (1\text{-}16)$$

ここで，Me は Ca（カルシウム）または Mg（マグネシウム）である。

炭酸塩の反応速度は，次のように表わすことができる（Plummer *et al.* 1978；Chou *et al.* 1989）。

$$R = k_1(a_{H^+})^n + k_2(a_{H_2CO_3})^p + k_3 - k_{-3}a_{Me^{2+}}a_{CO_3^{2-}} \quad (1\text{-}17)$$

ここで，k は定数，a は活量，n，p は定数である。n はカルサイトで 1，ドロマイトでは 0.5 ～ 0.75 である。p は通常 1 である。また，式（1-17）の第 1 項は粒子表面のプロトン化，第 2 項は表面相互作用，第 3 項は表面水和，第 4 項は沈殿反応を表わす。具体的な反応メカニズムは，Plummer *et al.*（1978），Chou *et al.*（1989），Morse and Arvidson（2002）などに詳しい。

炭酸塩の反応速度は，珪酸塩のそれよりもかなり速い（**図 1.3**）。その結果，地球全体における炭酸塩の存在量は珪酸塩よりも少ないにもかかわらず，炭酸塩の風化による大気 CO_2 の消費速度は珪酸塩のそれと同等となっている（珪酸塩：炭酸塩 = 48.6：51.4）。それゆえ，炭酸塩の風化は炭素の海洋への重要な供給プロセスとなっている（ただし前述のように，時間スケールには十分注意する必要がある）。

ところで，これまでに述べた「風化作用」には 2 つのプロセスが含まれている。1つは岩石の溶解反応であり，もう 1 つは風化生成物の（河川などを通じた）海洋への運搬である。岩石の浸食作用が激しく新鮮な岩石が露出しやすい地域では，この 2 つのプロセスのうち，前者が律速（風化律速；weathering-limited）となる。浸食作用が少ない地域では，後者が律速（運搬律速；transport-limited）となる。世界全体でみると，（ヒマラヤ・チベット地域のような特殊な場合を除けば）風化律速であると考えられる（Kump *et al.* 2000）。したがって，世界

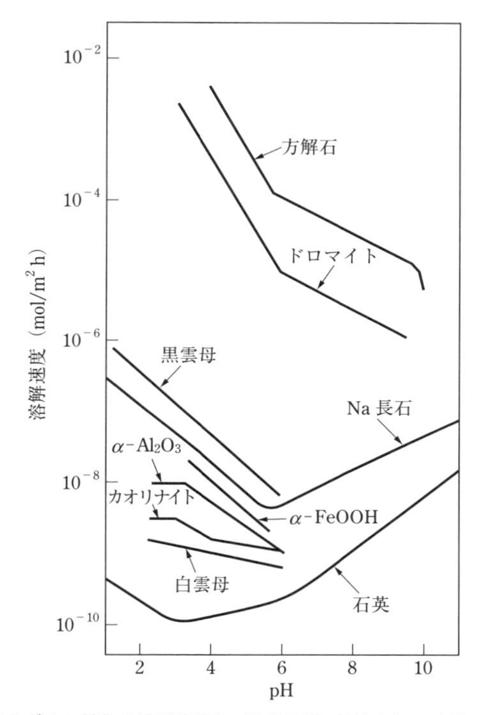

図 1.3 さまざまな鉱物の溶解速度と pH 依存性（Bidolgio and Stumm 1994）

全体の風化速度は，岩石の表面積，水の供給（降水，流出など），河川の化学組成，滞留時間，pH，有機酸（Drever 1994），微生物の活動，植物の影響，温度などの要素によってコントロールされている（Kump *et al.* 2000）。

地球表層の風化作用によって，どの程度の量の大気 CO_2 が消費されているのであろうか。いくつかの研究により，その消費速度（フラックス）が推定されている。初期の研究では，世界の主要河川の化学成分分析に基づいてこの CO_2 フラックスを求めていたが，近年では，世界の岩質分布図に基づき地域ごとの風化量をより正確に求め，これを合計することで風化フラックスが算出されている（Amoitte-Suchet *et al.* 2003；Hartmann *et al.* 2009）。これらの研究による，風化フラックスの推定値を**表 1.1** に示す。ただ，風化速度は地域によって大きな差があることには注意すべきである。たとえば，火山岩地域など局所的

表 1.1　珪酸塩および炭酸塩の風化による CO_2 消費速度

文献	珪酸塩	炭酸塩	合計
Holland（1978）	168	276	444
Berner *et al.*（1983）	141.6	138	279.6
Meybeck（1987）	144	151.2	295.2
Gaillardet *et al.*（1999）	144	148	288
Amoitte-Suchet *et al.*（2003）	154	104	258
Munhoven（2002）	133.2	87.6	220.8
Hartmann *et al.*（2009）	149	88	237

単位は 10^6 t C/年。Berner *et al.*（1983）の値には Na 珪酸塩，K 珪酸塩の風化は含まれていない。

に風化速度が高い地域の存在により風化フラックスの推定値が大きく影響を受けるが，現状の推定ではまだこのような地域をすべて網羅しているわけではなく（Hartmann *et al.* 2009），さらなる実測データの蓄積が望まれる。

風化により海洋に流入した炭素（炭酸イオンなど）は，海洋において炭酸塩を形成して沈殿する。この炭酸塩の形成のメカニズムには，実験室とは異なる海洋特有の性質がある。すなわち，海洋表層において，炭酸塩は熱力学的には過飽和状態にあるものの，実際のところ，海洋における炭酸塩の生成は単純に無機化学的には行なわれていないことが知られている。この理由は，海洋における炭酸塩の生成のほとんどが，有孔虫や円石藻類，翼足類などによって生物学的に行なわれていることによる（Morse and Mackenzie 1990）。これらの炭酸塩の生成機構を全球規模で把握することはきわめて難しいと考えられ，実際，そのような研究はないといってよい。

海洋で形成された炭酸塩は沈降する過程で，その深度が「炭酸塩補償深度」（炭酸塩の供給速度と溶解速度が等しくなる深度）を超えると溶解するが，残りは海底に堆積して海洋プレートの運動により沈み込み帯に運ばれる。この際，一部は大陸地殻に付加するが，残りはさらに地殻深部に沈み込む。沈み込んだ堆積物の一部は変成作用を受けて分解し，その結果，二酸化炭素が大気中へ放出される。

1.2　火成作用－変成作用

大量の炭素を保持する岩石圏（マントルを含む）からは，火成作用－変成作用（脱ガス）により，大気－海洋中にCO_2がつねに放出されている。**図1.4**に示すように，CO_2はおもに中央海嶺，背弧海盆（はいこかいぼん），島弧をはじめとする沈み込み帯，巨大火成岩岩石区（LIPS）および海洋島などのホットスポット，大陸リフトから放出される。

まず，火成活動は中央海嶺において活発であることが知られている。中央海嶺には地殻下部からマグマが大量に供給されてくる。その結果，大量のCO_2が中央海嶺から放出されることになる。中央海嶺の火成活動が地球全体に占める割合は，噴出物ベースで約75%に達すると推定されている（Crisp 1984）。

中央海嶺からのCO_2フラックスを求める方法としては，中央海嶺玄武岩（MORB）におけるCO_2の分析（Gerlach 1991）や，MORBガラスにおける$CO_2/^3He$比の分析（Des Marais 1985）などがある。**表1.2**に，これらの方法により求められた現代のCO_2フラックスの一覧を示す。フラックスの平均値は，約2.0×10^{18} mol/Ma（1 Maは100万年前を意味する）である。これは世界全体の風化フラックス［6.7×10^{18} mol/Ma（Berner 1994）］の約1/3に相当し，中央海嶺の火成活動がグローバル炭素循環においてかなり重要な役割を果たしていることを示唆している。ただ，これに対しては，中央海嶺はCO_2放出の場であると同時にCO_2が固定される場でもあるとして，中央海嶺の影響は限定的であるとする見解もある（Staudigel *et al.* 1989；François and Walker 1992）。

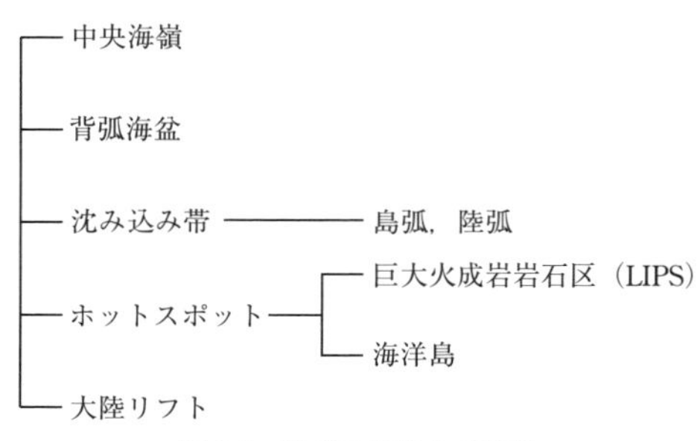

図1.4　脱ガスが起きる場所

表 1.2　中央海嶺からの脱ガスフラックスの推定値（Resing *et al.* 2004 より作成）

フラックス（10^{12} mol/ 年）	文献
0.93 ± 0.28	Saal *et al.*（2002）
2.9 〜 5.8	Holloway（1998）
0.23 〜 0.80	Gerlach（1989）
0.5 〜 0.9	Fouquet *et al.*（1991）
15 ± 2	Javoy and Pineau（1991）
4 〜 18	Cartigny *et al.*（2001）
2.2 ± 0.5	Marty and Jambon（1987）
2.1 ± 0.6	Marty and Zimmerman（1999）
0.4 〜 1.0	Sarda and Graham（1990）
2.4 〜 6	Graham and Sarda（1991）
0.45 〜 1.3	Des Marais（1984）
1.3 ± 0.3	Corliss *et al.*（1979）
0.1 〜 1.2	Elderfield and Schultz（1996）
0.5 〜 2.0	Resing *et al.*（2004）

すなわち中央海嶺では，海底玄武岩中の珪酸塩と海水との間で以下のような反応が起こり，CO_2 が固定されるという。

$$CaSiO_3 + CO_2 \longrightarrow CaCO_3 + SiO_2 \tag{1-18}$$

しかしながら，この影響はそれほど大きくないとする説（Caldeira 1995；Brady and Gislason 1997）のほうが有力なように思われる。

なお，中央海嶺と同様，プレート発散境界における CO_2 の放出スポットとして，大陸リフトがある。代表的な大陸リフトである東アフリカ地溝帯では CO_2 の放出が観測され，これはマントル起源であることが確認されている（Darling *et al.* 1995）。しかしながら，大陸リフトからのグローバルな脱ガス量の推定はあまりなされていない。

次に，背弧海盆における火成活動は，鹿園（1998）がその重要性を指摘している。背弧海盆における熱水反応のメカニズムは中央海嶺におけるそれと類似し，背弧海盆の熱水組成は中央海嶺のそれとよく似ている（鹿園 1995）。背弧海盆によっては，その熱水中の CO_2 濃度は中央海嶺のそれより高いこともある。たとえば，沖縄トラフの熱水中の CO_2 濃度は，中央海嶺のそれより 1 桁程度高い（Gamo 1995）。全世界において背弧海盆から放出される CO_2 フラッ

表 1.3 島弧火山からの CO_2 の脱ガスフラックスの推定値

フラックス（10^{12} mol/年）	文献
0.3	Marty *et al.*（1989）
0.7	Allard（1992）
1.5	Varekamp *et al.*（1992）
3.1	Sano and Williams（1996）
約 2.5	Marty and Tolstikhin（1998）
1.6	Hilton *et al.*（2002）
1.9	Fischer（2008）

クスは，中央海嶺のそれに匹敵するという（鹿園 1998）。

環太平洋火山帯をはじめとする島弧火山の火成活動も，中央海嶺と同様に重要である。とくに火山は CO_2 を大気に直接放出するため，グローバル炭素循環に与えるインパクトは大きい。**表 1.3** に島弧火山からの CO_2 の脱ガスフラックスの推定を示すが，この脱ガスフラックスの推定値は，100 以上ある世界中の活火山のうちわずか 10% 程度のデータに基づき算出されたものである。また，島弧火山の CO_2 フラックスは短時間で大きく変動することが知られているので（Harris and Rose 1996；Allard 1998），ある時代の脱ガスフラックスを考える際は，前提としている時間幅との関係を考慮する必要がある。

ホットスポットにおける火成活動は，沈み込み帯や中央海嶺で起きる火成活動と異なり，プレート運動とは独立して起きる。まず，巨大火成岩岩石区（large igneous provinces；LIPS）には洪水玄武岩が分布し，ここからは CO_2 が集中的に放出されていたと考えられる。LIPS における火成活動の時期は限定されているが，CO_2 が大量に放出された時期があったことはまちがいない（**図 1.5**）。

次に，天皇海山列（emperor seamount chain）に代表される海洋島玄武岩地域も，ホットスポットとして重要である。海洋島玄武岩（ocean island basalt；OIB）は海洋性プレートのマントルプルームの生成物であるため，初生マグマにおける CO_2 濃度が高い（Baily and Hampton 1990；Holloway and Blank 1994）。OIB 型の火成活動による脱ガスは，中生代（とくに白亜紀）の温暖化に寄与したと考えられる（Tajika 1998）。

以上の火成活動とともに，岩石圏の炭素が大気－海洋系に放出されるプロセスとして重要なのが，変成作用である。変成作用は，大陸－海洋の衝突地域や

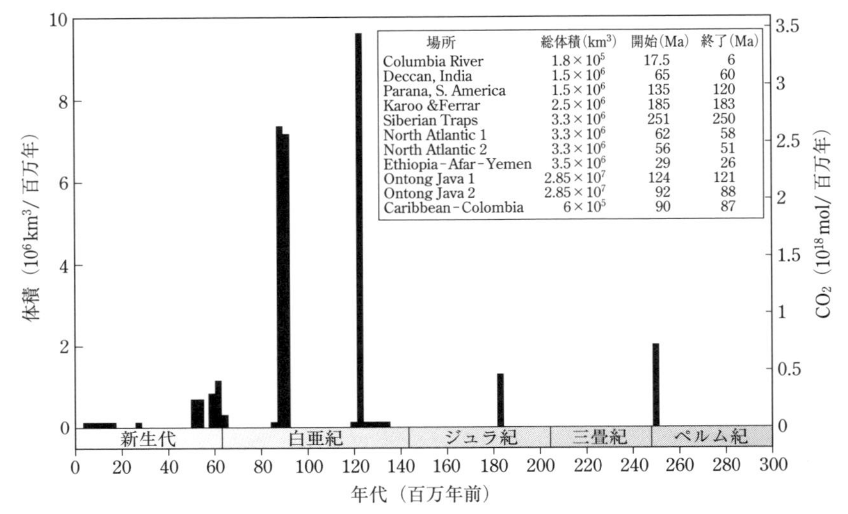

図 1.5　巨大火成岩岩石区（LIPS）での火成活動による CO_2 の脱ガスフラックスの変動
（Kerrick *et al.* 2001）

大陸間の衝突地域である造山帯において活発である。このような地域では，炭酸塩が高温高圧下で熱分解し，CO_2 が大気に放出される。このプロセスは，たとえば次の反応式で表わすことができる。

$$CaCO_3 + SiO_2 \longrightarrow CaSiO_3 + CO_2 \qquad (1\text{-}19)$$

なお，この式は炭酸塩の端成分により変成作用を単純化して表わしている。実際に生成される CO_2 量は，各鉱物の固溶体の成分，H_2O の存在量や温度などによって異なる。

ところで，造山帯では，隆起に伴う侵食，風化（物理的風化・化学的風化）が激しく進行するため，これにより CO_2 が大気から大量に除去されることは前述した。したがって，造山帯は，CO_2 の大気への放出と地殻への固定という，互いに逆の関係にある作用が両方とも起きている場所であるといえる。たとえば，ヒマラヤ・チベット地域では，変成作用に伴う CO_2 の放出により気温が約 0.5℃の上昇しているが，他方で大気 CO_2 の風化により約 0.2℃減少しているとの試算がある（Kerrick and Caldeira 1999）。

1.3　植物の光合成および有機物の埋没

大気中のCO_2は，植物の光合成により固定され，有機物（炭化水素化合物など）となる。そして，その多くは植物の死後に酸化され，再びCO_2として大気中に放出されるが，残りは微生物の分解作用により土壌中へ移行し，さらに河川を経由するなどして海洋に輸送され，デルタや大陸棚などの大陸縁辺に堆積し埋没する（Berner 1982；Hedges and Keil 1995）。また同様に，海洋中の植物プランクトンも光合成を行ない，これにより有機物が海底に堆積することになる。このような光合成および埋没のプロセスは，以下の式で表わすことができる。

$$CO_2 + H_2O \longrightarrow CH_2O + O_2 \quad (1\text{-}20)$$

この式は，光合成反応そのものを表わしているわけではなく，光合成により生成される有機炭素の量から，生物の呼吸によるCO_2の排出を差し引いた，正味の炭素の生成を表わしている。

有機炭素の埋没量は，基本的には，陸地から海洋に運ばれる有機物の量や，海洋における生物生産性に影響を与えるリン酸塩や硝酸塩の濃度に依存すると考えられている（Berner and Canfield 1989；Holland 1994）。また，深層水の酸化還元状態，海洋の酸素濃度にも依存する（Canfield 1994）。しかし，有機物の埋没のプロセスは複雑である。たとえば，河川などを通じて海洋などに輸送される過程で，有機物の組成はさまざまに変化していく。埋没する前に大陸縁辺で酸化・分解される炭素もかなり多い。また海底に堆積した有機物も，その一部は埋没する前に酸化・分解される。海底で埋没する有機炭素の多くは海生プランクトンによるものであって，陸上植物起源の割合は低い（Hedges and Keil 1995）。他方で，大陸から河川などを経由して海洋に流入する炭素の量は，海底に埋没する有機炭素の量よりもはるかに多いことがわかっている。このことは，大陸の有機炭素の大部分が海底に埋没する前に分解していることを示唆している（Hedges *et al.* 1997）。このように，光合成により生成された有機物（有機炭素）のすべてが固定されるわけではない。ただ，長期的時間スケールでみた場合，珪酸塩の風化に匹敵する量の炭素がこの一連の埋没プロセスにより固定されていることは確かである（Berner 1990）。

1.4　有機炭素の酸化的風化

頁岩などの堆積岩中には，有機物（ケロジェン，石炭，石油）が含まれている。したがって，これが風化することで有機物が酸化され，CO_2 が放出される。このような有機炭素の大気への放出プロセスは「有機物の酸化的風化」と称され，有機物を“CH_2O”と単純化して次の式で表わすことができる。

$$CH_2O + O_2 \longrightarrow CO_2 + H_2O \tag{1-21}$$

式（1-21）は，生物圏の有機炭素が分解してメタンが大気中に放出され，その後，CO_2 に酸化する過程も含めた形で表わしている。同式に示唆されるように，酸化的風化の進行速度は酸素濃度に依存し，たとえば石炭の風化速度は酸素濃度により変動することが示されている（Chang and Berner 1999）。有機物の酸化的風化は，好気性微生物によっても促進されるが（Petsch *et al.* 2001），これらの微生物には低酸素濃度の条件下でも活性化するものもあるので，微生物に対する依存性の詳細は解明されていない。また，酸化的風化は，珪酸塩の風化の場合と同様に，侵食作用・隆起作用などにより露出する地表面積にも依存すると考えられる（Holland 1978）。

なお，有機物の酸化的風化は，陸上植物の進化とも密接な関係がある。顕生代では，デボン紀に維管束（いかんそく）植物が出現して大量の光合成が行なわれるようになり，白亜紀には裸子植物から被子植物主体への植生の変化があり植物の繁殖能力も向上した。このように植物が大型化したことで，酸化的風化の量は増大していったと考えられる（Berner 1994）。

1.5　風化フィードバック

前述のように，百万年単位における大気 CO_2 濃度は，おもに風化作用と変成作用－火成作用とのバランスによって定まる。ところが，大気における CO_2

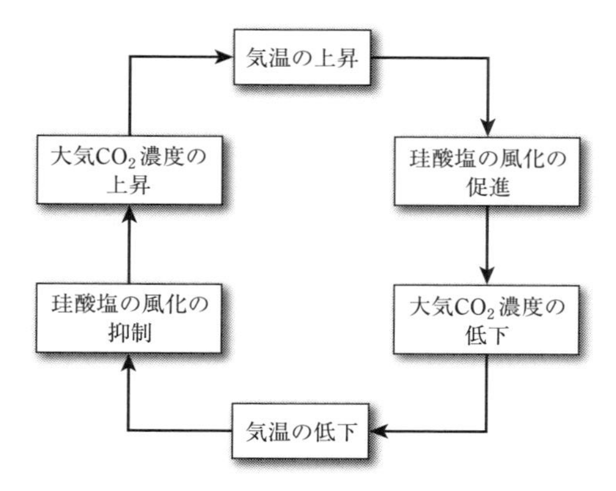

図 1.6　風化フィードバックのメカニズム

の物質量は約 6.0×10^{16} mol に過ぎないのに対して，風化フラックスや変成作用－火成作用のフラックスは 10^{18} mol/Ma のオーダーであり，両者は 100 倍程度も異なる。したがって，風化と変成作用－火成作用のバランスがいったん崩れると，大気 CO_2 濃度は短時間で急激に増減してしまう（たとえば，ささいなきっかけで大気 CO_2 濃度がゼロになってしまう）ようにも思える。しかし，地球史においてそのような時代はなかったと考えられている（全球凍結は別論として本書では除外する）。その理由が，以下に説明する「風化フィードバック」である（Walker *et al.* 1981）。

図 1.6 は，この風化フィードバックのメカニズムを示している。たとえば，火成活動により大気 CO_2 濃度が上昇し，気温が上昇したとする。すると風化が促進されて，大気－海洋系の炭素がより多く取り除かれ，大気 CO_2 濃度は低下する。これが負のフィードバックとなっている。そして，大気 CO_2 濃度が低下すると気温が低下して風化速度は減少し，その結果，大気 CO_2 濃度は再び上昇するという結果になる。このような一連のサイクルによって，地球表層の大気の温度および CO_2 濃度は急激に変化せず，地球は安定した気候に保たれてきたと考えられている。

また，陸上植物の成長も風化フィードバックをもたらしていると考えられている（Volk 1987）。すなわち，植物は大気 CO_2 濃度が高いほど成長するが，植物の成長は根圧による粉砕（物理的風化）や土壌水の酸性化による鉱物の溶解（化学的風化）をもたらすので，結局，CO_2 濃度の上昇に対しては，植物の成長を介した珪酸塩の風化フィードバックがかかっていることになる。Volk (1987) は，このような陸上植物によるフィードバックを次式で表わした。

$$f_B = \left(\frac{P_{soil}}{P_{soil}^*}\right) 0.3 \exp\left(\frac{\Delta T}{13.7}\right) \quad (1\text{-}22)$$

$$\left(\frac{P_{soil}}{P_{soil}^*}\right) = \frac{\Pi}{\Pi^*}\left(1 - \frac{P_{atm}^*}{P_{soil}^*}\right) + \frac{P_{atm}}{P_{soil}^*} \quad (1\text{-}23)$$

$$\Pi = \Pi_{max} \frac{P_{atm} - P_{min}}{P_{1/2} + P_{atm} - P_{min}} \quad (1\text{-}24)$$

ここで，f_B はフィードバックを表わす関数（フィードバック関数），P_{soil} は土壌中の CO_2 分圧，Π は陸上植物の全生産量，Π_{max} は最大生産量，$P_{1/2}$ は $\Pi = 0.5\ \Pi_{max}$ のときの P_{atm}，P_{min} は炭素固定速度と光呼吸が釣り合っているときの P_{atm} である。また，$P_{soil}^* = 10\ P_{atm}^*$，$P_{min} = 0.2\ P_{atm}^*$ である。

以上のような風化フィードバックシステムは地球の気候の安定性をコントロールしているメカニズムとして近年注目されている。ただ，フィードバック作用の強さは，気温や植生，大気の組成，地形といったさまざまな要素によって変動するので（Hansen *et al.* 2008；Lunt *et al.* 2010），そのメカニズムは後述するように複雑である（第6章6.3.2項）。

1.6　本章のまとめ

- 地質時代（百万年以上の時間スケール）のグローバル炭素循環は，無機炭素の循環と有機炭素の循環からなる。
- このうち無機炭素の循環は，炭素循環の主要部分をなしており，風化作用と火成作用－変成作用からなる。前者により，炭素が大気－海洋圏から岩石圏に移行し，一方，後者により，岩石圏から大気－海洋圏に移行する。大気中の CO_2 濃度は，基本的にこれらのバランスにより規定される。
- 有機炭素の循環は，有機物の酸化的風化と，有機物の光合成および埋没からなる。前者により，炭素が岩石圏から大気－海洋圏に移行し，一方，後者により，大気－海洋圏から岩石圏に移行する。有機炭素の循環は，炭素循環のサブサイクルとして位置づけられる。

- 岩石圏と大気－海洋圏の間の炭素のバランス，すなわち大気 CO_2 濃度を長期にわたってコントロールしてきたのは，いわゆる風化フィードバックのメカニズムによる。これにより，地球は全体として比較的安定した気候に保たれてきた。

第2章
グローバル炭素循環モデル

一般に，数理モデルを構築するにあたっては，前提とするシステムを設定する必要がある。したがって，地球における気候変動をモデル化する場合も，地球をシステムとして捉えることから始まる。

地球は，**図 2.1** に示すように，大気（圏），水（圏），生物（圏），固体地球といった複数の構成要素，すなわちサブシステムからなる1つのシステム（「地球システム」）として捉えることができる（鹿園 1997）。なお，サブシステムはさらに分割することができる。

これらのサブシステムは互いに独立して存在しているわけではなく，サブシステムの間ではつねに物質や熱の交換が行なわれている。さらに，これらの交換速度は一定ではなく，さまざまな外的要素（たとえば気温，降水量など）に

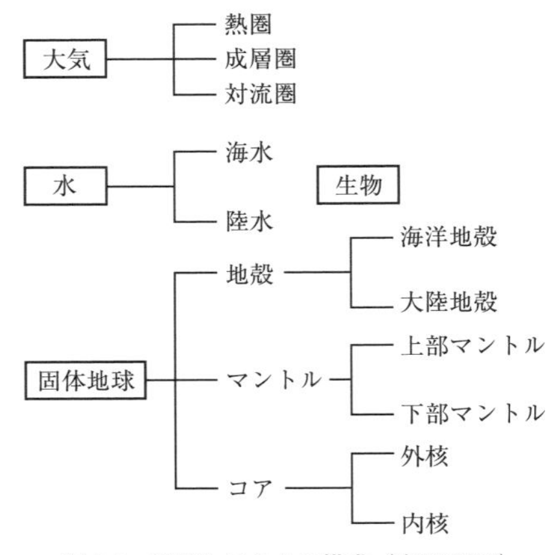

図 2.1　地球システムの構成（鹿園 2009）

よってつねに変化している。このようなサブシステム間の相互作用が，地球システム，つまり地球環境を変動させている。

そして，グローバル炭素循環モデルは通常，「ボックスモデル」と呼ばれるタイプのモデルで構築される。

2.1 ボックスモデル

ボックスモデルでは，サブシステムのそれぞれを，物質を保持した「ボックス」ないし「リザーバー」として設定する。また，これらのリザーバー間の物質移動を，「フラックス」（単位時間あたりの物質の移動量）によって表わす。

すると，あるリザーバー内の物質量を M，リザーバーに入力されるフラックスを F_{in}，リザーバーから出力されるフラックスを F_{out} とした場合，当該リザーバーにおける物質量 M の時間変化は次のように表わすことができる（**図 2.2**）。

$$dM/dt = F_{\mathrm{in}} - F_{\mathrm{out}} \tag{2-1}$$

ここで，出力フラックス F_{out} は次のように表わすことができる。

$$F_{\mathrm{out}} = kM \tag{2-2}$$

ここで，k は速度定数である。k の逆数 $1/k$ は「滞留時間」と称され，F_{out} の流出が続いた場合にそのボックスの物質がすべて無くなるのに要する時間である。

次に，リザーバーが2つある場合のモデル，すなわち2ボックスモデルを考える。ここで，グローバル炭素循環は最も単純な形態では2つのリザーバーによって表わすことができるので，以下では，2ボックスのグローバル炭素循環モデルを説明する。

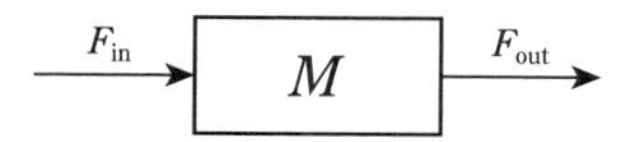

図 2.2 リザーバー M と，それに対する入力フラックス F_{in}，出力フラックス F_{out} の関係

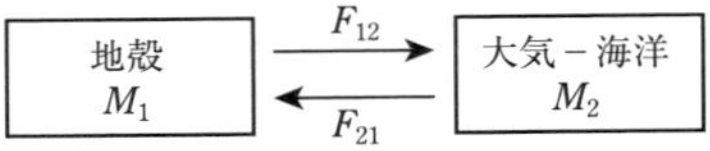

地殻 M_1	F_{12} → / ← F_{21}	大気－海洋 M_2

図 2.3　地殻（固体地球）－ 大気・海洋（流体地球）間の炭素の循環（鹿園 2009）

グローバル炭素循環の2ボックスモデルは，**図 2.3** に示すように，固体地球（地殻）および流体地球（大気－海洋）の2つのボックスで構成されるモデルである。地殻の炭素量を M_1，大気－海洋の炭素量を M_2，地殻から大気－海洋へのフラックスを F_{12}，大気－海洋から地殻へのフラックスを F_{21} とすると，地殻および大気－海洋における炭素量 M_1，M_2 の変動はそれぞれ，

$$\frac{dM_1}{dt} = F_{21} - F_{12} \tag{2-3}$$

$$\frac{dM_2}{dt} = F_{12} - F_{21} \tag{2-4}$$

と表わされる。ここで，フラックス F が移行元のボックス（物質量）に比例するとすれば，F_{12}，F_{21} はそれぞれ，

$$F_{12} = k_{12}M_1 \tag{2-5}$$

$$F_{21} = k_{21}M_2 \tag{2-6}$$

と表わすことができる。ここで，k_{12}，k_{21} はそれぞれ比例定数（速度定数）である。すると，式（2-3）と（2-4）はそれぞれ，

$$\frac{dM_1}{dt} = F_{21} - F_{12} = k_{21}M_2 - k_{12}M_1 \tag{2-7}$$

$$\frac{dM_2}{dt} = F_{12} - F_{21} = k_{12}M_1 - k_{21}M_2 \tag{2-8}$$

と表わせる。式（2-7）と（2-8）を解くことで，各リザーバーの炭素の物質量の時間変化を求めることができる。なお，各リザーバーが定常状態（物質量の時間変化が見かけ上，無い状態）にあれば，式（2-7）と（2-8）はそれぞれ，

$$\frac{dM_1}{dt} = F_{21} - F_{12} = k_{21}M_2 - k_{12}M_1 = 0 \tag{2-9}$$

$$\frac{dM_2}{dt} = F_{12} - F_{21} = k_{12}M_1 - k_{21}M_2 = 0 \tag{2-10}$$

となる。

こんどは，リザーバーが非定常状態の場合（M_1 および M_2 の値が時間とともに変化する場合）を考える。図 2.3 の系（すなわち地球）が閉鎖系であり，その総炭素量が M_{t} で一定であるとすると，式（2-7）と（2-8）からなる微分方程式は次のように解くことができる。

$$M_1 = M_{10} - \frac{k_{21}M_{\mathrm{t}}}{k_{21} + k_{12}} \exp\{-(k_{21} + k_{12})t\} + \frac{k_{21}M_{\mathrm{t}}}{k_{21} + k_{12}} \tag{2-11}$$

$$M_2 = M_{20} - \frac{k_{12}M_{\mathrm{t}}}{k_{12} + k_{21}} \exp\{-(k_{12} + k_{21})t\} + \frac{k_{12}M_{\mathrm{t}}}{k_{12} + k_{21}} \tag{2-12}$$

ここで，M_{10}，M_{20} はそれぞれ M_1，M_2 の初期値（$t = 0$ のときの値）である。

この例では，M_1，M_2 の値は式（2-11）と（2-12）で示したように解析的に求まるが，k が変動する場合は Euler 法，Runge-Kutta 法などを用いて数値解を求めることになる。

次に，このようにして求めた M_2（大気－海洋における炭素量）から，大気 CO_2 濃度を算出する。まず，大気－海洋間における炭素の交換速度は十分に速いので，以下に示す炭酸平衡が大気－海洋間で成立しているものと仮定できる。

$$CO_2(g) + H_2O = H_2CO_3 \tag{2-13}$$

$$H_2CO_3 = HCO_3^- + H^+ \tag{2-14}$$

$$HCO_3^- = CO_3^{2-} + H^+ \tag{2-15}$$

以上の平衡状態が成り立っている場合，大気－海洋リザーバーの炭素量 M_2 は次式で表わされる。

$$M_2 = M_{H_2CO_3} + M_{HCO_3^-} + M_{CO_3^{2-}} + M_{CO_2} \tag{2-16}$$

ここで，右辺の M_i は物質 i の mol 数である。

なお，式（2-13）～（2-15）における平衡定数はそれぞれ次のように表わされる。

$$K_0 = \frac{[H_2CO_3]}{P_{CO_2}} \tag{2-17}$$

$$K_1 = \frac{[HCO_3^-][H^+]}{[H_2CO_3]} \tag{2-18}$$

$$K_2 = \frac{[CO_3^{2-}][H^+]}{[HCO_3^-]} \tag{2-19}$$

ここで，K_0，K_1，K_2 は平衡定数，$[i]$ は化学種 i の濃度，P_{CO_2} は大気 CO_2 分圧である。式（2-17）～（2-19）の炭酸平衡は，厳密には活量やフガシティによって表わすべきであるが，ここでは簡単のため濃度を用いた。

上記の式（2-17）～（2-19）を式（2-16）に代入すると，M_2 は P_{CO_2} を用いて以下のように表わすことができる。

$$\begin{aligned} M_2 &= M_{H_2CO_3} + M_{HCO_3^-} + M_{CO_3^{2-}} + M_{CO_2} \\ &= K_0 P_{CO_2} + \frac{K_1[H_2CO_3]}{[H^+]} + \frac{K_2[HCO_3^-]}{[H^+][CO_3^{2-}]} + M_{CO_2} \\ &= \left(K_0 + \frac{K_0K_1}{[H^+]} + \frac{K_0K_1K_2}{[H^+]^2}\right) P_{CO_2} + M_{CO_2} \end{aligned} \tag{2-20}$$

さらに，気圧の定義を考慮すると，P_{CO_2} と M_{CO_2} の間には以下の関係式が成り立つ。

$$P_{CO_2} = \frac{\omega_{CO_2} \times g \times M_{CO_2}}{S_E} \tag{2-21}$$

ここで，ω_{CO_2} は二酸化炭素の分子量，g は重力加速度，S_E は地球の総表面積である。この式を式（2-20）に代入すれば，P_{CO_2} が求まる。

以上のような炭酸平衡を利用した大気 CO_2 濃度の算出方法は，地質時代の大気 CO_2 濃度の推定にしばしば採用されている（たとえば，Pearson and Palmer 2000；Demicco *et al.* 2003；Liu and Schmitt 1996）。

2.2　BLAG モデル

2.1 節では簡易な 2 ボックスモデルを紹介したが，実際のグローバル炭素循環モデルはより複雑なモデルである。実践的なグローバル炭素循環モデルのひとつが，本節で説明する BLAG モデルである（たとえば Berner *et al.* 1983；Lasaga *et al.* 1985)。「BLAG」の名称は，その開発者の名前の頭文字（Berner, LAsaga, and Garrels）からとったものである。

BLAG モデルの特徴は，グローバル炭素循環を構成する地球化学的プロセスをていねいに取り上げ，数式化を行なっている点にある。この意味で BLAG モデルは，グローバル炭素循環の基本的なメカニズムを理解するうえでとても有用なモデルである。

2.2.1　システムとマスバランス

Berner *et al.*(1983) のモデル（以下，BLAG 1983 という）のシステムは**図 2.4**

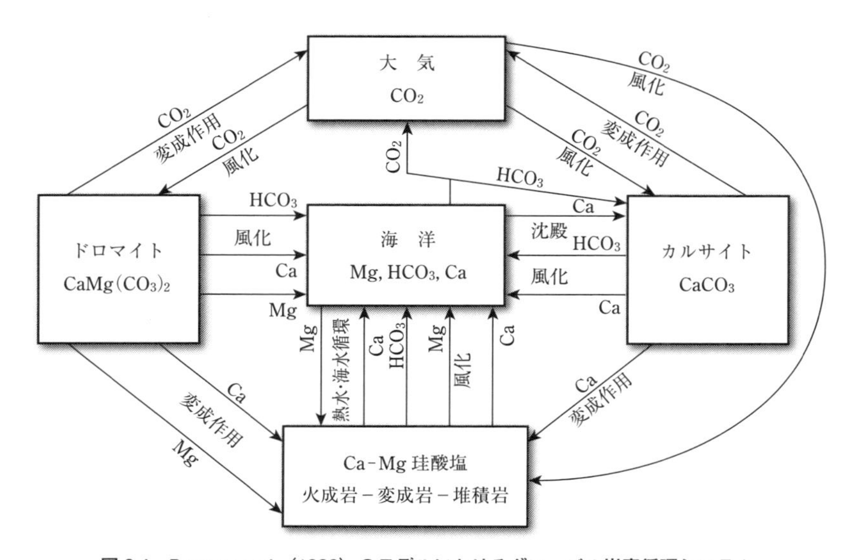

図 2.4　Berner *et al.*（1983）のモデルにおけるグローバル炭素循環システム

のように表わされ，珪酸塩（Ca 珪酸塩，Mg 珪酸塩），カルサイト（方解石；$CaCO_3$），ドロマイト（$CaMg(CO_3)_2$），海洋，大気の各リザーバーからなる。そして，これらのリザーバーの間ではCa 珪酸塩・Mg 珪酸塩の風化，カルサイトの風化，ドロマイトの風化，カルサイト（炭酸塩）の沈殿，変成作用－火成作用，海底熱水作用が起きているとする。

具体的には，以下のような反応を想定する。

＜Ca 珪酸塩・Mg 珪酸塩の風化＞

$$CaSiO_3 + 2\,H_2CO_3 + H_2O \longrightarrow Ca^{2+} + 2\,HCO_3^- + H_4SiO_4 \tag{2-22}$$

$$MgSiO_3 + 2\,H_2CO_3 + H_2O \longrightarrow Mg^{2+} + 2\,HCO_3^- + H_4SiO_4 \tag{2-23}$$

＜カルサイト・ドロマイトの風化＞

$$CaCO_3 + H_2CO_3 \longrightarrow Ca^{2+} + 2\,HCO_3^- \tag{2-24}$$

$$CaMg(CO_3)_2 + 2\,H_2CO_3 \longrightarrow Ca^{2+} + Mg^{2+} + 4\,HCO_3^- \tag{2-25}$$

＜カルサイトの沈殿＞

$$Ca^{2+} + 2\,HCO_3^- \longrightarrow CaCO_3 + CO_2 + H_2O \tag{2-26}$$

＜火成作用－変成作用＞

$$CaCO_3 + SiO_2 \longrightarrow CaSiO_3 + CO_2 \tag{2-27}$$

$$MgCO_3 + SiO_2 \longrightarrow MgSiO_3 + CO_2 \tag{2-28}$$

＜海底熱水作用＞

$$Ca + Mg^{2+} \longrightarrow Ca^{2+} + Mg \tag{2-29}$$

これらは，第1章1.1節で説明したものとほぼ同様である。なお，海底熱水作用の反応（式（2-29））は炭素を含まない反応であるが，CaとMgの交換により$CaCO_3$の沈殿を促進しているので，グローバル炭素循環（とくに大気CO_2濃度）を間接的にコントロールしている。

以上の式を前提とすると，各リザーバーにおけるマスバランス式は次のように表わされる。

< Ca 珪酸塩>

$$dS_{CaSi}/dt = F_{MC} + F_{MD} - F_{WCaSi} - F_{V\text{-}SW} \tag{2-30}$$

< Mg 珪酸塩>

$$dS_{MgSi}/dt = F_{MD} - F_{WMgSi} + F_{V\text{-}SW} \tag{2-31}$$

<カルサイト>

$$dC/dt = -F_{WC} - F_{MC} + F_{prep} \tag{2-32}$$

<ドロマイト>

$$dD/dt = -F_{WD} - F_{MD} \tag{2-33}$$

ここで，S_{CaSi} は Ca 珪酸塩の物質量，F_{MC} はカルサイトの脱ガスフラックス（火成作用－変成作用に基づくフラックス），F_{MD} はドロマイトの脱ガスフラックス，F_{WCaSi} は Ca 珪酸塩の風化フラックス，$F_{V\text{-}SW}$ は熱水フラックス，S_{MgSi} は Mg 珪酸塩の物質量，F_{WMgSi} は Mg 珪酸塩の風化フラックス，C はカルサイトの物質量，F_{WC} はカルサイトの風化フラックス，F_{prep} はカルサイトの沈殿フラックス，D はドロマイトの物質量，F_{WD} はドロマイトの風化フラックスである。

海洋中のマグネシウム，カルシウムのマスバランスはそれぞれ次のように表わされる。

$$dM_{Mg}/dt = F_{WD} + F_{WMgSi} - F_{V\text{-}SW} \tag{2-34}$$

$$dM_{Ca}/dt = F_{WD} + F_{WC} + F_{WCaSi} - F_{prep} + F_{V\text{-}SW} \tag{2-35}$$

ここで，M_{Mg} は海洋中のマグネシウムの物質量，M_{Ca} は海洋中のカルシウムの物質量である。

海洋中の炭酸水素イオン，大気中の炭素のマスバランスは次のように表わされる。

$$dM_{HCO_3}/dt = 4F_{WD} + 2F_{WC} + 2F_{WCaSi} + 2F_{WMgSi} - 2F_{prep} \tag{2-36}$$

$$dA_{CO_2}/dt = 2F_{MD} - 2F_{WD} - 2F_{WMgSi} - 2F_{WCaSi} + F_{MC} - F_{WC} + F_{prep} \tag{2-37}$$

表 2.1　Berner *et al.*（1983）のモデルにおけるリザーバー

記号	内容
S_{CaSi}	Ca 珪酸塩の物質量
S_{MgSi}	Mg 珪酸塩の物質量
C	カルサイトの物質量
D	ドロマイトの物質量
M_{Mg}	海洋中のマグネシウムの物質量
M_{Ca}	海洋中のカルシウムの物質量
$M_{\mathrm{HCO_3}}$	海洋中の炭酸イオンの物質量
$A_{\mathrm{CO_2}}$	大気中の炭素量（二酸化炭素量）

表 2.2　Berner *et al.*（1983）のモデルにおけるフラックス

記号	内容
F_{WCaSi}	Ca 珪酸塩の風化フラックス
F_{WMgSi}	Mg 珪酸塩の風化フラックス
F_{WC}	カルサイトの風化フラックス
F_{WD}	ドロマイトの風化フラックス
F_{MC}	カルサイトの脱ガスフラックス
F_{MD}	ドロマイトの脱ガスフラックス
$F_{\mathrm{V\text{-}SW}}$	熱水フラックス
F_{prep}	沈殿フラックス

ここで，$M_{\mathrm{HCO_3}}$ は海洋中の $\mathrm{HCO_3^-}$ の物質量，$A_{\mathrm{CO_2}}$ は大気中の炭素量（二酸化炭素量）である。

以上のリザーバー，フラックスの一覧を，**表 2.1** と**表 2.2** にまとめた。

2.2.2　フラックス

次に，各リザーバー間のフラックスを数式化する。まず，風化フラックスは次のように表わす。

$$F_{\mathrm{WS}} = k_{\mathrm{WS}} f_{\mathrm{A}} f_{\mathrm{B}} S \tag{2-38}$$

$$F_{\mathrm{WC}} = k_{\mathrm{WC}} f_{\mathrm{A}} f_{\mathrm{B}} C \tag{2-39}$$

$$F_{\mathrm{WD}} = k_{\mathrm{WD}} f_{\mathrm{A}} f_{\mathrm{B}} D \tag{2-40}$$

ここで，f_{A} は陸域面積（Barron *et al.* 1980），f_{B} はフィードバック関数，k_i（i = WS，WC，WD）は反応速度定数である。k_i は地殻全体における平均の反応

速度定数である。

上記のフィードバック関数 f_B は，風化フィードバック（Walker *et al.* 1981）を定式化したものであり，以下の式で表わすことができる（Berner *et al.* 1983）。

$$f_B = 1.0 + 0.252 \ln\left(\frac{A_{CO_2}}{0.055}\right) + 0.0156\left(\ln\left(\frac{A_{CO_2}}{0.055}\right)\right)^2 \qquad (2\text{-}41)$$

ここで，A_{CO_2} は大気中の CO_2 のモル数（$\times 10^{18}$ mol）である。

次に，カルサイトの沈殿フラックス F_{prep} は次のように表わされる。

$$F_{prep} = k_{prep}\left[M_{Ca}(M_{HCO_3})^2 - K_{eq}A_{CO_2}\right] \qquad (2\text{-}42)$$

$$K_{eq} = M_{Ca}{M_{HCO_3}}^2 / A_{CO_2} \qquad (2\text{-}43)$$

ここで，k_{prep} は速度定数，K_{eq} は炭酸塩の平衡反応：

$$CaCO_3 + CO_2(g) + H_2O = Ca^{2+} + 2\,HCO_3^- \qquad (2\text{-}44)$$

における平衡定数である。

次に，火成作用－変成作用による脱ガスフラックスを設定する。このうち中央海嶺における火成作用は，海洋底の拡大により起きる。また，沈み込み帯で起きる火成作用－変成作用も，第一次的には，海底の拡大に伴い沈み込み帯にもたらされる炭酸塩の量に比例すると考えるのが合理的である。したがって，ドロマイトの脱ガスフラックス F_{MD}，およびカルサイトの脱ガスフラックス F_{MC} は，海洋底の拡大（速度）に比例するとして以下の式で表わすことができる。

$$F_{MD} = k_{MD}f_{SR}D \qquad (2\text{-}45)$$

$$F_{MC} = k_{MC}f_{SR}C \qquad (2\text{-}46)$$

ここで，k_i（i = MD，MC）は反応速度定数，f_{SR} は海洋底拡大速度である。Berner *et al.*（1983）は海洋底拡大速度 f_{SR} として，Pitman（1978）による推定値と，Southam and Hay（1977）による推定値（修正値）をそれぞれ用いた（**図2.5**）。

次に，海底熱水作用による中央海嶺からの各化学種のフラックスは，基本的には海洋底の拡大速度に比例すると考えられる（Urabe *et al.* 1995）。したがっ

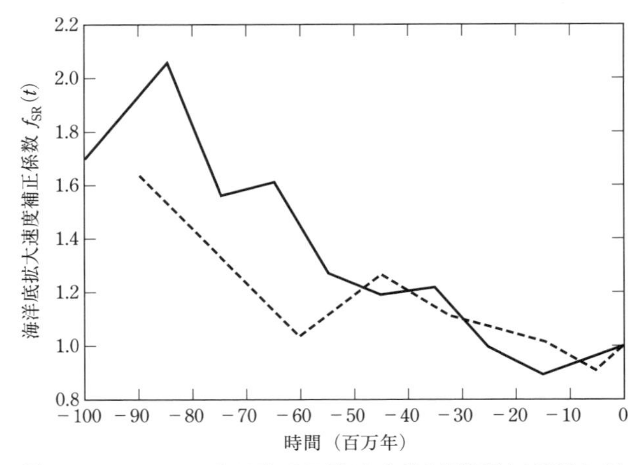

図 2.5　Berner *et al.*（1983）のモデルにおける海洋底拡大速度 $f_{SR}(t)$
実線は Pitman（1978）による推定，点線は Southam and Hay（1977）の修正値。

て，海底熱水作用によるフラックス $F_{Mg,V\text{-}SW}$ は次式で表わすことができる。

$$F_{Mg,V\text{-}SW} = k_{Mg,V\text{-}SW} f_{SR} M_{Mg} \tag{2-47}$$

ここで，$k_{Mg,V\text{-}SW}$ は反応速度定数である。

2.2.3　現代値および定数

次に，フラックスの現代値や，速度定数などの各種定数の値を決定する。

まず，現代の風化量については，珪酸塩および炭酸塩の風化による世界全体の Ca のフラックスは 13.2 × 10^{18} mol/Ma，Mg のフラックスは 5.2 × 10^{18} mol/Ma と推定されている（Meybeck 1979；Berner and Berner 1984；Berner and Raiswell 1983）。ここで，Holland（1978）によると，①大陸における堆積岩と火成岩・変成岩との比率は 75：25 である，②前者の TDS（total dissolved solid；全蒸発残留物）は後者の2倍である，③堆積岩の Ca/TDS 比は火成岩・変成岩のそれと同じである，④堆積岩においては Ca の 85% が炭酸塩として存在し，15% が珪酸塩として存在する，⑤炭酸塩中の Ca は珪酸塩中のそれの2倍の速度で溶出する。また，現代のカルサイトの総物質量は 5000 × 10^{18} mol,

表 2.3 各鉱物における Ca(F_{Ca}) や Mg(F_{Mg}) の風化フラックス (Berner *et al.* 1983)

鉱物	F_{Ca}	(%)	F_{Mg}	(%)
カルサイト	8.3	63	—	—
ドロマイト	2.1	16	2.1	40
Ca 珪酸塩 (堆積岩)	0.9	7	—	—
Ca 珪酸塩 (火成岩, 変成岩)	1.9	14	—	—
Mg 珪酸塩 (堆積岩)	—	—	2.2	42
Mg 珪酸塩 (火成岩, 変成岩)	—	—	0.9	18
合計	13.2	100	5.2	100

フラックスの単位は 10^{18} mol/Ma。

ドロマイトの総物質量は 1000×10^{18} mol なので, 堆積岩における Mg/Ca 比は 0.2 となり, 火成岩ないし変成岩の Mg/Ca 比は 0.5 となる。以上により, 鉱物ごとの Ca と Mg の風化フラックスを算出することができる (**表 2.3**; Berner *et al.* 1983)。

続いて, 風化にかかわる HCO_3^- のフラックスを求める。まず, 各鉱物の風化反応が以下の式によって表わされるとする。

$$H_2CO_3 + CaCO_3 \longrightarrow Ca^{2+} + 2\,HCO_3^- \tag{2-48}$$

$$2\,H_2CO_3 + CaMg(CO_3)_2 \longrightarrow Ca^{2+} + Mg^{2+} + 4\,HCO_3^- \tag{2-49}$$

$$2\,H_2CO_3 + MgSiO_3 + H_2O \longrightarrow Mg^{2+} + 2\,HCO_3^- + H_4SiO_4 \tag{2-50}$$

$$H_2SO_4 + 2\,CaCO_3 \longrightarrow 2\,Ca^{2+} + 2\,HCO_3^- + SO_4^{2-} \tag{2-51}$$

$$H_2SO_4 + CaMg(CO_3)_2 \longrightarrow Ca^{2+} + Mg^{2+} + 2\,HCO_3^- + SO_4^{2-} \tag{2-52}$$

$$H_2SO_4 + MgSiO_3 + H_2O \longrightarrow Mg^{2+} + SO_4^{2-} + H_4SiO_4 \tag{2-53}$$

これらの式におけるチャージバランスを仮定することで, 各風化における HCO_3^- 濃度を求めることができる。この計算に際しては, 式 (2-51)～(2-53) における H_2SO_4 の寄与分を差し引く必要がある。Berner and Raiswell (1983) によると, ドロマイトの風化に基づく H_2SO_4 のフラックスは 0.12×10^{18} mol/Ma, カルサイトの風化に基づく H_2SO_4 のフラックスは 0.23×10^{18} mol/Ma, 珪酸塩の風化に基づく H_2SO_4 のフラックスは 0.16×10^{18} mol/Ma であるので, これらを差し引くと, 各鉱物の風化における HCO_3^- 濃度が求まる。これと, 世界全体の河川流量 (Meybeck 1979) に基づき, 風化による HCO_3^- のフラック

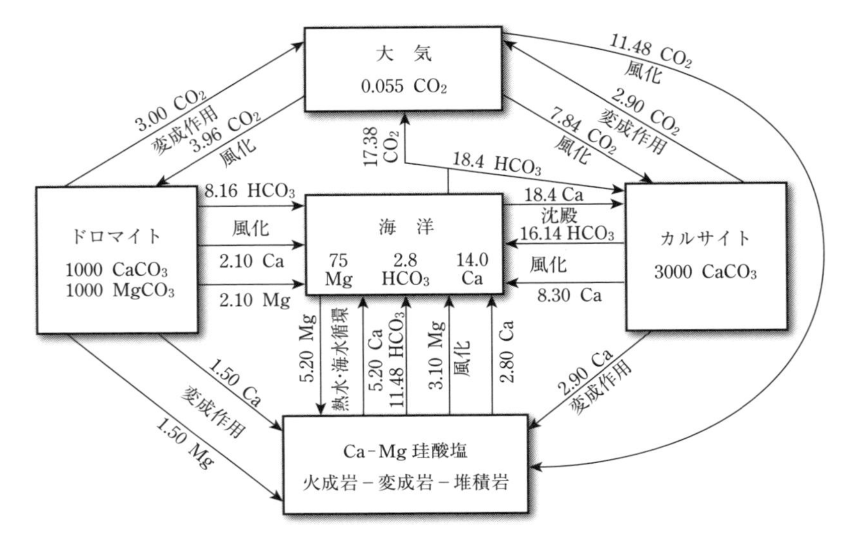

図 2.6　Berner *et al.*（1983）のモデルにおける現代のグローバル炭素循環
フラックスの単位は 10^{18} mol/Ma，リザーバーの単位は 10^{18} mol。

スが求まる。

他のフラックスについては，カルサイト，ドロマイト，珪酸塩，大気，および海洋における炭素，カルシウム，マグネシウムのリザーバーの定常状態を仮定し，これに上記の風化フラックスの値をあてはめる。これにより，**図 2.6** に示すような現代の炭素循環が得られる。ただ，この図は H_2SO_4 にかかる風化も加味した定常状態を示している。本モデルでは炭素の循環を前提としており，また，風化による H_2SO_4 のフラックスは CO_2 のそれよりも十分に少ないため，本モデルでは H_2SO_4 は定常状態にあると仮定して除外する。最終的な風化フラックスなどの値を**表 2.4** に示す。そして，これらから計算される反応速度定数などを**表 2.5** に示す。

次に，炭酸塩の沈殿にかかわる定数である K_{eq} と k_{prep} を求める。これらは，現代において大気 CO_2 濃度が定常状態にあると仮定して求める。すなわち，大気－海洋間では大気 CO_2 量がおおよそカルサイトの沈殿および溶解のバランスによって支配されているとすると（Berner *et al.* 1983），大気 CO_2 量の時間変化は，

表 2.4 H_2SO_4による風化を除外する前と後における各鉱物の風化フラックス (Berner *et al*. 1983)

プロセス	フラックス	化学種	10^{18} mol/Ma	
			H_2SO_4 除外前の値	H_2SO_4 除外後の値
風化	ドロマイト→海洋	Ca	2.10	1.98
〃	〃	Mg	2.10	1.98
〃	〃	HCO_3	8.16	7.92
〃	カルサイト→海洋	Ca	8.30	7.84
〃	〃	HCO_3	16.14	15.68
〃	珪酸塩→海洋	Ca	2.80	2.72
〃	〃	Mg	3.10	3.02
〃	〃	HCO_3	11.48	11.48
〃	大気→ドロマイト	CO_2	3.96	3.96
〃	大気→カルサイト	CO_2	7.84	7.84
〃	大気→珪酸塩	CO_2	11.48	11.48
海洋での炭酸塩の生成	海洋→カルサイト	Ca	18.40	17.54
〃	〃	HCO_3	18.40	17.54
〃	海洋→大気	CO_2	17.38	17.54
熱水反応	海洋→珪酸塩	Mg	5.20	5.00
〃	珪酸塩→海洋	Ca	5.20	5.00
変成作用	ドロマイト→大気	CO_2	3.00	2.88
〃	カルサイト→大気	CO_2	2.90	2.86
〃	ドロマイト→珪酸塩	Ca	1.50	1.44
〃	〃	Mg	1.50	1.44
〃	カルサイト→珪酸塩	Ca	2.90	2.86

表 2.5 Berner *et al*. (1983) のモデルにおける速度定数，平衡定数，外的パラメータ

記号	内容	現代値または文献
k_{WC}	カルサイトの風化フラックスの速度定数	0.00261/Ma
k_{WD}	ドロマイトの風化フラックスの速度定数	0.00198/Ma
k_{MC}	カルサイトの脱ガスフラックスの速度定数	0.000953/Ma
k_{MD}	ドロマイトの脱ガスフラックスの速度定数	0.00144/Ma
k_{prep}	沈殿フラックスの速度定数	1.162 ($\times 10^{18}$ mol)^2/Ma
K_{eq}	炭酸塩の平衡反応における平衡定数	1721 ($\times 10^{18}$ mol)^2
f_A	陸域面積	Barron *et al*. (1980)
f_B	風化フィードバック関数	Berner *et al*. (1983)
f_{SR}	海洋底拡大速度	Pitman (1978); Southam and Hay (1977)

$$dA_{CO_2}/dt = k_{prep}[M_{Ca}(M_{HCO_3})^2 - K_{eq}A_{CO_2}] \qquad (2\text{-}54)$$

となる。

ここで，$A_{CO_2} \ll M_{Ca}$，M_{HCO_3} であるので，M_{Ca} と M_{HCO_3} は，A_{CO_2} との関係では一定とみなすことができる。すなわち，式（2-54）は，

$$dA_{CO_2}/dt = a - bA_{CO_2} \qquad (2\text{-}55)$$

$$a = k_{prep}M_{Ca}(M_{HCO_3})^2 \qquad (2\text{-}56)$$

$$b = k_{prep}K_{eq} \qquad (2\text{-}57)$$

と表わすことができるので，これらの式を解くと，

$$A_{CO_2} = a/b - (a/b - A^0_{CO_2})e^{-bt} \qquad (2\text{-}58)$$

となる。ここで，$A^0_{CO_2}$ は A_{CO_2} の現代値である。式（2-58）をみると，$1/b$ は大気中の炭素の滞留時間になっているので，その滞留時間を500年とすると，

$$k_{prep}K_{eq} = 1/500 = 2000(/\mathrm{Ma}) \qquad (2\text{-}59)$$

となる。この式と，F_{prep} の現代値（17.54×10^{18} mol/Ma）および式（2-55）から，$K_{eq} = 1721(\times 10^{18}\ \mathrm{mol})^2$，$k_{prep} = 1.162(\times 10^{18}\ \mathrm{mol})^{-2}/\mathrm{Ma}$ と求まる。

2.2.4　解法

次に，本モデルの数値的解法を説明する。まず，式（2-30）～（2-37）はマスバランスをフラックスを用いて表わしているが，これを以下のように，反応速度係数やリザーバーを用いて書き換える。

＜Ca 珪酸塩＞

$$dS_{CaSi}/dt = k_{MC}C + k_{MD}D - k_{WCaSi}S_{CaSi} - K_{V\text{-}SW}M_{Mg} \qquad (2\text{-}60)$$

＜Mg 珪酸塩＞

$$dS_{MgSi}/dt = k_{MD}D - k_{WMgSi}S_{MgSi} + k_{V\text{-}SW}M_{Mg} \qquad (2\text{-}61)$$

<カルサイト>

$$dC/dt = -(k_{WC} + k_{MC})C + k_{prep}[M_{Ca}(M_{HCO_3})^2 - K_{eq}A_{CO_2}] \quad (2\text{-}62)$$

<ドロマイト>

$$dD/dt = -(k_{WD} + kM_{D})D \quad (2\text{-}63)$$

<海洋中のマグネシウム>

$$dM_{Mg}/dt = k_{WD}D + k_{WMgSi}S_{MgSi} - k_{V\text{-}SW}M_{Mg} \quad (2\text{-}64)$$

<海洋中のカルシウム>

$$\mathrm{d}M_{Ca}/dt = k_{WD}D + k_{WC}C + k_{WCaSi}S_{CaSi} + k_{V\text{-}SW}M_{Mg} - k_{prep}[M_{Ca}(M_{HCO_3})^2 - K_{eq}A_{CO_2}] \quad (2\text{-}65)$$

<海洋中の炭酸水素イオン>

$$dM_{HCO_3}/dt = 4k_{WD}D + 2k_{WC}C + 2k_{WCaSi}S_{CaSi} + 2k_{WMgSi}S_{MgSi} - 2k_{prep}[M_{Ca}(M_{HCO_3})^2 - K_{eq}A_{CO_2}] \quad (2\text{-}66)$$

<大気中の二酸化炭素>

$$dA_{CO_2}/dt = 2k_{MD}D - 2k_{WD}D - 2k_{WMgSi}S_{MgSi} - 2k_{WCaSi}S_{CaSi} + k_{MC}C - k_{WC}C + k_{prep}[M_{Ca}(M_{HCO_3})^2 - K_{eq}A_{CO_2}] \quad (2\text{-}67)$$

そして，これらを用いて，初期状態（$t = -100$ Ma）を設定する。まず，任意に定めたA_{CO_2}の値（この値はモデルの結果にほとんど影響を与えない）に対して，式（2-38）〜（2-43），（2-45）〜（2-47）から，風化フラックス，熱水フラックス，脱ガスフラックス，沈殿フラックスを計算する。次に，海洋リザーバーが定常状態にあるとして，式（2-42）と（2-43）からM_{Ca}とM_{HCO_3}の初期値を求める。Dの初期値D_0は，式（2-33）と表2.5のk_{WD}，k_{MD}から求める（1420×10^{18} mol）。Cの初期値C_0は式（2-32）と図2.6により5000 − 2Dとする。これらは厳密な計算ではないが，C_0やD_0の値は初期状態以降のA_{CO_2}の算出値にほとんど影響を与えない（Berner *et al.* 1983）。

以上のように各パラメータの初期値が決まったら，式（2-60）〜（2-67）に基づき，現代に向かってA_{CO_2}の値を計算していく。

2.2.5 計算結果

大気 CO_2 濃度の計算結果を**図 2.7** に示す。図に示すように，計算された大気 CO_2 濃度の変動は，中生代において大気 CO_2 濃度が高かったという一般的な地質学的知見（Savin 1977；Wolfe and Hopkins 1967）と調和している。

ところで，このような大気 CO_2 濃度の変動のおもな原因は，モデル中のどのパラメータであろうか。数値モデルの特徴として，パラメータを任意に調節することにより，そのパラメータがシステムに与える影響を評価することができる点がある。この点につき，Berner *et al.*（1983）は，**図 2.8** に示すような数値テストを行なった。すなわち，(a) 陸域面積を一定にした場合，(b) フィードバック関数を変えた場合，(c) 陸域面積と海洋底拡大速度を一定にした場合，(d) 通常の場合のそれぞれのシミュレーション，を行なった。これらを比較すると，大気 CO_2 濃度に与える影響は，陸域面積よりも，風化フィードバックや海洋底拡大速度の変化のほうが大きいことがわかる。すなわち，大気 CO_2 濃度は，海洋底拡大速度に大きく依存するとともに，風化フィードバックに

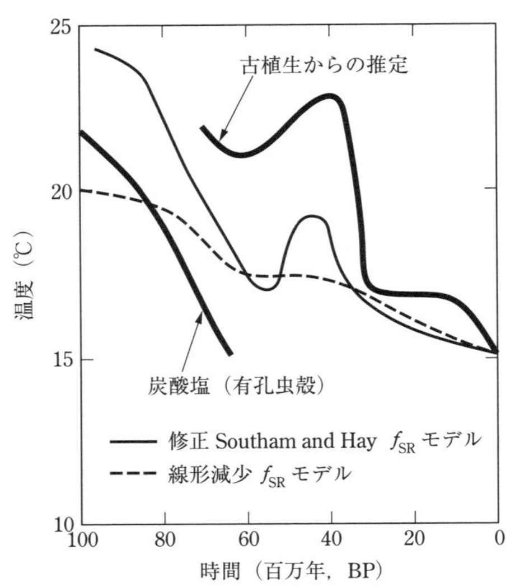

図 2.7　Berner *et al.*（1983）のモデルによって求められた過去 1 億年の全球平均気温と，有孔虫殻の酸素同位体比（$\delta^{18}O$）に基づき推定された古海水温（Savin 1977），古植生に基づき推定された陸上気温（Wolfe and Hopkins 1967）の比較（Berner *et al.* 1983）

よってコントロールされていることがわかる。このことから，長期的グローバル炭素循環における大気CO_2濃度は，おもに風化と脱ガスとのバランスによって規定され，かつ，これが風化フィードバックにより維持されていることが示される。

以上のように，BLAGモデルは百万年単位でのグローバル炭素循環を再現することが可能である。とくに，このモデルはグローバル炭素循環を構成する地球化学的プロセスを詳細に定式化しており，さまざまな数値テストを行なうことができる。

ただ，BLAGモデルは計算が煩雑となる傾向がある。とくに初期値の設定

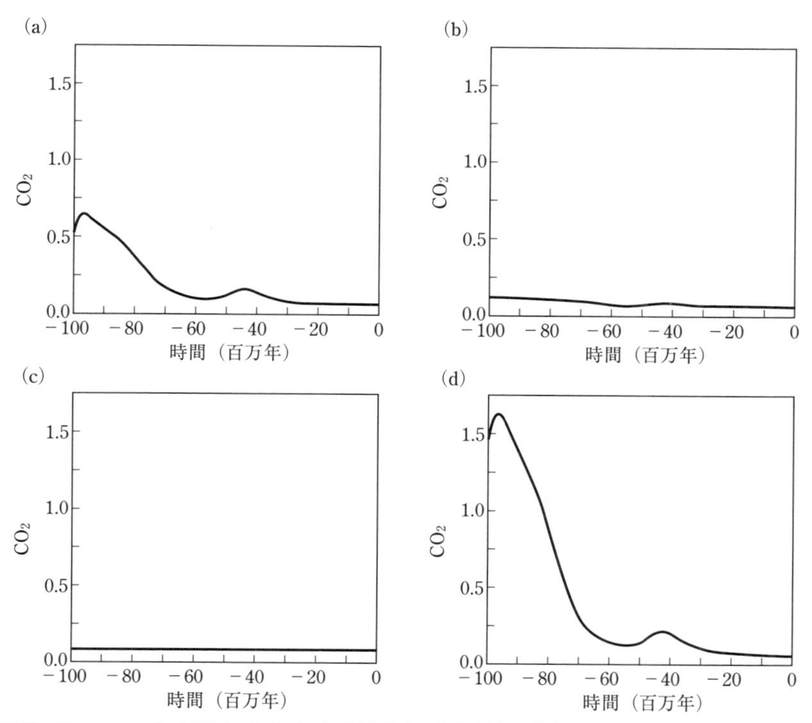

図2.8 Berner *et al.*（1983）のモデルにより求められた過去1億年における大気CO_2濃度の変化
(a) 陸域面積を一定とした場合の大気CO_2濃度の変化，(b) フィードバック関数を「$f_B(CO_2) = A_{CO_2}(t)/A_{CO_2}(0)$」(Budyko and Ronov 1979) とした場合の大気CO_2濃度の変化，(c) 陸域面積と海洋底拡大速度を一定とした場合の大気CO_2濃度の変化，(d) 通常の場合の大気CO_2濃度の変化。

では，さまざまな仮定や反復計算を行なう必要がある。また，有機炭素の循環も考慮されていない。さらに，海洋における炭酸塩の沈殿に関する扱いがかなり単純化されている。すなわち，BLAG モデルでは，炭酸塩のイオン積（$[Ca^{2+}][CO_3^{2-}]$）がその溶解度積を超えた場合に炭酸カルシウムの沈殿が起きるとしている［式（2-42）参照］。具体的には，炭酸塩の沈殿フラックスは，以下のような炭酸平衡，

$$CO_2(g) + H_2O = H_2CO_3 \tag{2-68}$$

$$H_2CO_3 = HCO_3^- + H^+ \tag{2-69}$$

$$HCO_3^- = CO_3^{2-} + H^+ \tag{2-70}$$

と，炭酸塩の溶解平衡，

$$CaCO_3 = Ca^{2+} + CO_3^{2-} \tag{2-71}$$

を前提として求められている。しかし，HCO_3^-，CO_3^{2-}，Ca^{2+}の濃度は海洋の表層と深層とで大きく異なり，さらにこれらの濃度の鉛直分布は大陸の隆起や沈降によって変動してきたはずである。しかし，Berner *et al.*（1983）のモデルでは，この点がとくに考慮されていない。

このようにいくつかの問題が指摘できるものの，BLAG モデルは長期的時間スケールにおける大気 CO_2 濃度が，大陸の風化作用と火成作用－変成作用による脱ガスとのバランスによって規定されていることを明確に示し，1億年前から現代までのグローバル炭素循環の進化（とくに大気 CO_2 濃度の変動）をおおむね再現することに成功した。

2.3　GEOCARB モデル

GEOCARB モデル（Berner 1991, 1994；Berner and Kothavala 2001）は，BLAG モデルを改善・改良したモデルである。GEOCARB モデルは，グローバル炭素循環を再現するモデルとして現在広く用いられている。

2.3.1　システムとマスバランス

図 2.9 に示すように，GEOCARBのグローバル炭素循環システムは，有機炭素（地殻），炭酸塩を前提とした無機炭素（地殻），および大気－海洋の3つのリザーバーからなる。BLAG 1983と比べると，無機炭素のリザーバーにおいてカルサイトとドロマイトを区別していない。また，大気と海洋を1つのリザーバーとしている。大気－海洋間の炭素の交換は速く，炭素の滞留時間も短い（10^4 年以下；Berner and Canfield 1987）ためである。

GEOCARBの炭素循環システムでは，リザーバー間の炭素の移行として，珪酸塩（Ca珪酸塩，Mg珪酸塩）の風化，炭酸塩（Ca炭酸塩，Mg炭酸塩）の風化，炭酸塩の沈殿，有機炭素の酸化的風化，有機炭素の埋没を考慮している。また，沈み込み帯における火成作用－変成作用を考慮している。

まず，Ca珪酸塩およびMg珪酸塩の風化はそれぞれ次のように表わされる。

$$CaSiO_3 + CO_2 \longrightarrow CaCO_3 + SiO_2 \qquad (2\text{-}72)$$

$$MgSiO_3 + CO_2 \longrightarrow MgCO_3 + SiO_2 \qquad (2\text{-}73)$$

炭酸塩（Ca炭酸塩，Mg炭酸塩）の風化は次のように表わされる。

$$CaCO_3 + CO_2 + H_2O \longrightarrow Ca^{2+} + 2\,HCO_3^{-} \qquad (2\text{-}74)$$

$$MgCO_3 + CO_2 + H_2O \longrightarrow Mg^{2+} + 2\,HCO_3^{-} \qquad (2\text{-}75)$$

また，炭酸塩の沈殿は次頁のように表わされる。

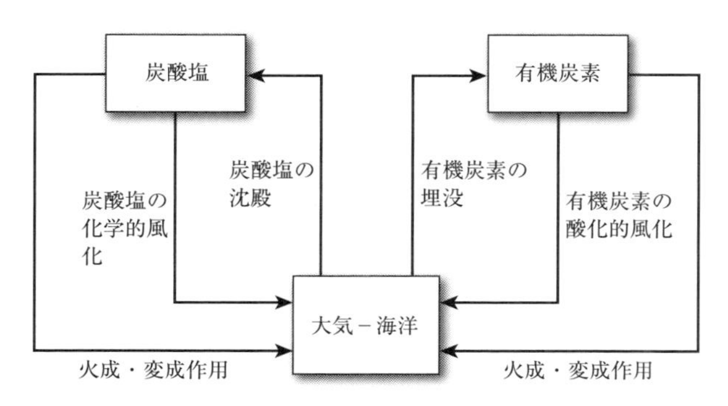

図 2.9　GEOCARBにおけるグローバル炭素循環システム（Berner 1991；柏木ほか 2008）

$$Ca^{2+} + 2\,HCO_3^{-} \longrightarrow CaCO_3 + CO_2 + H_2O \tag{2-76}$$

有機炭素の埋没および有機炭素の酸化的風化は，それぞれ次のように表わされる。

$$CO_2 + H_2O \longrightarrow CH_2O + O_2 \tag{2-77}$$

$$CH_2O + O_2 \longrightarrow CO_2 + H_2O \tag{2-78}$$

以上の反応を前提として，各リザーバーのバランス式が立てられる。まず，岩石圏における炭酸塩のマスバランス，有機炭素のマスバランスは，それぞれ次のようになる。

$$\frac{dC}{dt} = F_{bc} - (F_{wc} + F_{mc}) \tag{2-79}$$

$$\frac{dG}{dt} = F_{bg} - (F_{wg} + F_{mg}) \tag{2-80}$$

ここで，C は（無機）炭酸塩の炭素量，G は有機炭素の炭素量，F_{bc} は海洋での炭酸塩の沈殿フラックス，F_{wc} は炭酸塩の風化フラックス，F_{mc} は火成作用－変成作用に基づく炭酸塩からの脱ガスフラックス，F_{bg} は有機炭素の海底への埋没フラックス，F_{wg} は有機炭素の風化フラックス，F_{mg} は火成作用－変成作用に基づく有機炭素の脱ガスフラックスである。

次に，大気－海洋における炭素のマスバランスを考える。大気や海洋における炭素の滞留時間は数百年程度であり（Berner and Canfield 1987），GEOCARB におけるタイムステップ（百万年以上）から比べるときわめて短いので，大気－海洋において炭素は定常状態にあるとすることができる。その結果，大気－海洋リザーバーにおける炭素のマスバランスは次のように表わすことができる。

$$F_{wc} + F_{mc} + F_{wg} + F_{mg} = F_{bc} + F_{bg} \tag{2-81}$$

また，海洋についても炭素の定常状態を仮定し，以下のような海洋のマスバランス式を立てることができる。

$$F_{ws} = F_{bc} - F_{wc} \tag{2-82}$$

ところで，地球表層に存在する炭素には，質量数 12 の炭素(^{12}C)と質量数 13 の炭素（^{13}C）があるが，炭酸塩（無機炭素）における $\delta^{13}C$ の値〔$(^{13}C/^{12}C)_{sample}$ $/((^{13}C/^{12}C)_{standard} - 1) \times 1000$〕の値と有機炭素における $\delta^{13}C$ の値は一般的に大きく異なっている。有機反応系では，光合成における同位体効果により軽いほうの炭素（^{12}C）が有機物に濃集しやすいためである。この性質（同位体分別）を利用して，式（2-79）～(2-81）に基づき，炭素同位体比（$\delta^{13}C$）に関する以下のマスバランス式を立てることができる。

$$\frac{d}{dt}\delta_c C = \delta_{bc}F_{bc} - \delta_c(F_{wc} + F_{mc}) \tag{2-83}$$

$$\frac{d}{dt}\delta_g G = (\delta_{bc} - \alpha_c)F_{bg} - \delta_g(F_{wg} + F_{mg}) \tag{2-84}$$

$$\delta_c(F_{wc} + F_{mc}) + \delta_g(F_{wg} + F_{mg}) = \delta_{bc}F_{bc} + (\delta_{bc} - \alpha_c)F_{bg} \tag{2-85}$$

ここで，δ_c は炭酸塩の炭素同位体比，δ_g は有機炭素の炭素同位体比，δ_{bc} は沈殿する炭酸塩の炭素同位体比，α_c は有機炭素－炭酸塩間の同位体分別である。

このような炭素同位体比に関する式を立てることで，無機炭素（炭酸塩）の沈殿フラックス F_{bc} と有機炭素の埋没フラックス F_{bg} を求めることができる。

表 2.6 Berner and Kothavala（2001）のモデルにおけるリザーバー，フラックス，炭素同位体比

記号	内容
C	炭酸塩の物質量
G	有機炭素の物質量
F_{ws}	珪酸塩の風化フラックス
F_{wc}	炭酸塩の風化フラックス
F_{wg}	有機炭素の風化フラックス
F_{bc}	炭酸塩の沈殿フラックス
F_{bg}	有機炭素の埋没フラックス
F_{mc}	炭酸塩の脱ガスフラックス
F_{mg}	有機炭素の脱ガスフラックス
δ_c	炭酸塩の炭素同位体比
δ_g	有機炭素の炭素同位体比
δ_{bc}	海洋の炭酸塩の炭素同位体比（Veizer *et al.* 1999）
α_c	同位体分別量（Hayes *et al.* 1999）

以上で説明したリザーバー，フラックス，炭素同位体比を**表 2.6** にまとめた。

2.3.2　フラックスおよびパラメータ

次に，炭素のフラックスを考える。GEOCARB における炭素フラックスは次のとおりである。

$$F_{ws} = f_B (f_{AD})^{0.65} f_R f_E F_{ws}(0) \tag{2-86}$$

$$F_{wc} = f_{BB} f_{AD} f_{LA} f_E k_{wc} C \tag{2-87}$$

$$F_{mc} = f_G f_C F_{mc}(0) \tag{2-88}$$

$$F_{wg} = f_{AD} f_R k_{wg} G \tag{2-89}$$

$$F_{mg} = f_G F_{mg}(0) \tag{2-90}$$

ここで，f_B は珪酸塩のフィードバック関数，f_{AD} は河川から海洋への流出水量（runoff。以下，流出量という）を表わすパラメータ，f_R は大陸の隆起を表わすパラメータ，f_E は陸上植物の繁茂を表わすパラメータ，f_{BB} は炭酸塩のフィードバック関数，f_{LA} は炭酸塩の面積を表わすパラメータ，f_G は火成作用－変成作用の活動度を表わすパラメータ，f_C は炭酸塩の沈殿を表わすパラメータである。これらの速度定数，パラメータの一覧を**表 2.7** に示す。

以上のように，GEOCARB では，各フラックスに外的パラメータが詳細に設定されている。以下，これらのパラメータについて説明する。

＜ f_{LA} について＞

岩石の風化量は地表に露出する岩石の面積が大きいほど増大すると考えられるので，風化フラックスは陸域面積 f_{LA}（Bluth and Kump 1991；Ronov 1994）に比例するとする。ただし，珪酸塩の風化フラックスは f_{LA} をパラメータとしていないことに注意すべきである。陸域面積の変動の多くは，数百 m 程度の海水準の変動により生じるが，そのような変動はおもに大陸棚，海岸平野，内部低地の隆起・沈降によって引き起こされる。このような隆起沈降の場所は通常，粘土鉱物のような風化に対して比較的安定な堆積物に富んでいる（Stallard 1985）。カルシウムやマグネシウム，重炭酸塩との関係では粘土鉱物の反応性は低いので，海水準の低下に伴う低地の露出によって珪酸塩のフラックスが大きく変化するわけではない。したがって，珪酸塩に関しては陸域面積をパラ

表 2.7 Berner and Kothavala（2001）のモデルにおける速度定数と外的パラメータ

記号	内容	値または文献
k_{wc}	炭酸塩の風化の速度定数	0.00267/ 百万年
k_{wg}	有機炭素の風化の速度定数	0.0030/ 百万年
f_B	珪酸塩のフィードバック関数	Berner and Kothavala（2001）
f_{AD}	流出量を表わすパラメータ	Ronov（1994）；Otto-Bliesner（1995）
f_R	隆起パラメータ	Berner and Kothavala（2001）
f_E	植物活動を表わすパラメータ	Berner and Kothavala（2001）
f_{BB}	炭酸塩のフィードバック関数	Berner and Kothavala（2001）
f_{LA}	炭酸塩面積を表わすパラメータ	Ronov（1994）；Bluth and Kump（1991）
f_G	脱ガスパラメータ	Engebreston *et al.*（1992）；Gaffin（1987）
f_C	沈殿パラメータ	Berner and Kothavala（2001）

メータとしていない（Berner 1994）。

＜f_{AD} について＞

風化反応は水の供給によってその進行が大きくコントロールされる。流出量 f_{AD} はそのような水の供給を表わすパラメータである（Otto-Bliesner 1995）。式（2-86）と（2-87）に示すように，f_{AD} の扱いは岩石の種類によって異なる。まず，炭酸塩の反応速度は十分に速いので，液相（河川の HCO_3^- など）と固相（炭酸塩）が平衡にあるとみなすことができ，炭酸塩のフラックスは f_{AD} に比例すると仮定することができる。一方，珪酸塩の反応速度は遅いので，流水による希釈が起こる。したがって，珪酸塩は液相と非平衡としなければならない（Berner 1994）。ここで，いくつかの珪酸塩の河川流域における解析結果（Dunne 1978；Peters 1984）によれば，珪酸塩の風化フラックスは $(f_{AD})^{0.65}$ に比例するとみなすことができる。

＜f_B について＞

珪酸塩のフィードバック関数 f_B は，温室効果によるフィードバックと陸上植物によるフィードバックを含んでいる。

前者については，風化速度の温度依存性が重要である。風化速度の温度依存性は次式で表わすことができる。

$$\ln(J/J_0) = \Delta E/R(T - T_0)/TT_0 \tag{2-91}$$

ここで，J は風化速度，J_0 は基準温度での風化速度，ΔE は反応の活性化エネルギー，R は気体定数，T は温度，T_0 は基準温度（たとえば，現代の全球平均気温である 288 K）である。

さらに，風化フラックスのパラメータとした流出量は温度（地表の気温）に依存することが知られている。そこで，流出量の温度依存性も考慮する必要がある。

ここで，流出量と温度との間には次のような関係がある（Berner and Kothavala 2001）。

$$\ln(r/r_0) = 1 + Y(T - T_0) \tag{2-92}$$

ここで，r は流出量，r_0 は基準温度での流出量，Y は経験的に求められる定数である。

次に，陸上植物によるフィードバックについては，植生の変化を定式化することになる。ここでは，デボン紀に維管束植物が出現したことを考慮する。まず，維管束植物の出現前は，風化速度は pH（水素イオン濃度）によりコントロールされると仮定して，$f_{Bb}(CO_2) = RCO_2^{0.50}$〔$f_{Bb}(CO_2)$ は陸上植物によるフィードバックの関数，RCO_2 は現代を基準とした大気 CO_2 濃度の比〕という関係式を用いる（Berner 1994）。一方，維管束植物の出現後は，前章の式（1-22）～（1-24）を単純化した次式で，$f_{Bb}(CO_2)$ を表わすことができる（Volk 1987）。

$$f_{Bb}(CO_2) = \left(\frac{\Pi(CO_2)_t}{\Pi(CO_2)_0}\right)^{FERT} \tag{2-93}$$

$$\frac{\Pi(CO_2)_t}{\Pi(CO_2)_0} = \frac{2\,RCO_2}{1 + RCO_2} \tag{2-94}$$

ここで，$FERT$ は維管束植物が風化量に与える影響を表わす定数，RCO_2 は現代を基準とした大気 CO_2 濃度の比，Π は陸上植物の生産能力である。$FERT$ は Andrews and Schlesinger（2000）に基づき 0.4 と算出される（Berner and Kothavala 2001）。

以上から，珪酸塩のフィードバック関数 f_B は次のように求まる（Berner and Kothavala 2001）。

$$f_{\mathrm{B}}(T, \mathrm{CO_2}) = f_{\mathrm{Bg}}(T) f_{\mathrm{Bb}}(\mathrm{CO_2}) \tag{2-95}$$

$$f_{\mathrm{Bg}}(T) = \exp[ACT(T(t) - T(0))][1 + RUN(T(t) - T(0))]^{0.65} \tag{2-96}$$

$$f_{\mathrm{Bb}}(\mathrm{CO_2}) = R\mathrm{CO_2}^{0.5} \text{（維管束植物の出現以前）} \tag{2-97}$$

$$f_{\mathrm{Bb}}(\mathrm{CO_2}) = [2R\mathrm{CO_2}/(1 + R\mathrm{CO_2})]^{FERT} \text{（維管束植物の出現後）} \tag{2-98}$$

ここで，ACT は鉱物の活性化エネルギーに相当するパラメータ（0.09；活性化エネルギー 15 kcal/mol に相当），T は気温，f_{Bg} は温室効果によるフィードバック，f_{Bb} は陸上植物によるフィードバック，RUN は温度が流出量に与える影響を表わす定数（前述の Y から導かれる定数）である。Berner and Kothavala（2001）は，RUN の値を温暖期（氷床が存在しない時代；340 ～ 260 Ma と 40 ～ 0 Ma）で 0.045，寒冷期（氷床が存在するその他の時代）で 0.025 としている。

また，気温 T と CO_2 濃度の関係は次のように表わすことができる。

$$T(t) - T(0) = \Gamma \ln(R\mathrm{CO_2}) - W_{\mathrm{S}}(t/570) + GEOG(t) \tag{2-99}$$

ここで，Γ は全球平均気温と大気 CO_2 濃度の関係を規定するパラメータ（気候感度に対応），W_S は太陽放射を表わす定数，$GEOG(t)$ は大陸移動により生じる平均陸上気温の変化である。$GEOG(t)$ は時間 t における陸上気温と現代の陸上気温の差（Otto-Bliesner 1995）により表わすことができる。Γ は，温暖期（340 ～ 260 Ma と 40 ～ 0 Ma）で 4.0 K，寒冷期（他の時期）で 3.3 K である。W_S は 7.4 である（Kothavala *et al.* 1999, 2000；Berner and Kothavala 2001）。

＜ f_{BB} について＞

炭酸塩のフィードバック関数 f_{BB} は以下のように表わされる。

$$f_{\mathrm{BB}}(T, \mathrm{CO_2}) = f_{\mathrm{BBg}}(T) f_{\mathrm{BBb}}(\mathrm{CO_2}) \tag{2-100}$$

$$f_{\mathrm{BBg}}(T) = \exp[\mathrm{ACT}(T(t) - T(0))] \tag{2-101}$$

$$f_{\mathrm{BBb}}(\mathrm{CO_2}) = R\mathrm{CO_2}^{0.5} \text{（維管束植物の出現以前）} \tag{2-102}$$

$$f_{\mathrm{BBb}}(\mathrm{CO_2}) = [2R\mathrm{CO_2}/(1 + R\mathrm{CO_2})]^{FERT} \text{（維管束植物の出現後）} \tag{2-103}$$

炭酸塩の風化フィードバックは珪酸塩のそれと類似する。とくに注意すべき点は，炭酸塩の反応速度は珪酸塩のそれよりはるかに速いので，炭酸塩ではフィードバックの流出量に対する依存性を無視することができることである。

＜f_Eについて＞

陸上植物は顕生代において大きな進化を遂げた。デボン紀には維管束植物が出現し，続いて白亜紀にはこれまでの裸子植物主体の植生から被子植物主体の植生へと変化した。このような過程のなかで植物は大型化し，風化速度に与える影響が増大していったと考えられる。Berner and Kothava（2001）は，このような変化を表わすパラメータであるf_Eを次のように設定した。まず，維管束植物の出現前（380 Ma 以前）のf_Eは現代の1/4である0.25（Moulton *et al.* 2000）であり，380～350 Maの移行期を有するとする（Algeo *et al.* 1995）。そして，裸子植物から被子植物への移行期（130～80 Ma）については，他の大気CO_2濃度の推定（Ekart *et al.* 1999）との比較に基づき，f_Eが0.875から（1まで）上昇するとした。ただし，これらの値は地域的な研究結果に基づき設定されたものであるので，その普遍性の検証が今後の課題であるとされている（Berner and Kothavala 2001）。

＜f_Gについて＞

沈み込み帯における火成作用－変成作用の活動度は，一般的には，海洋底拡大速度（Larson 1991；Engebreston *et al.* 1992；Rowley 2002など）によって表わすことができる。Berner（1994）は，1億5000万年以降は沈み込み帯の沈み込み速度（Engebreston *et al.* 1992）を採用した。それ以前の海洋底拡大速度については，海洋底が沈み込んでおり，直接それを求めることができないため，海水準変動（Gaffin 1987）を海洋底拡大速度の代わりに用いた（**図2.10**）。

＜f_Cについて＞

f_Cは炭酸塩の沈殿に関するパラメータであり，遠洋に沈殿する炭酸塩（おもに$CaCO_3$）の量を表わす。炭酸塩の沈殿は，炭酸塩を生成する海洋生物が出現したカンブリア紀／先カンブリア紀になって本格的に始まった。その後，中生代になると，海水準が低下するとともに，遠洋の円石藻類や表層有孔虫が増殖した（**図2.11**）。そして，遠洋で沈殿した炭酸塩は，沈み込み帯に運ばれ，変成作用などによる分解を受けやすくなる。f_Cはこのようなプロセスを反映

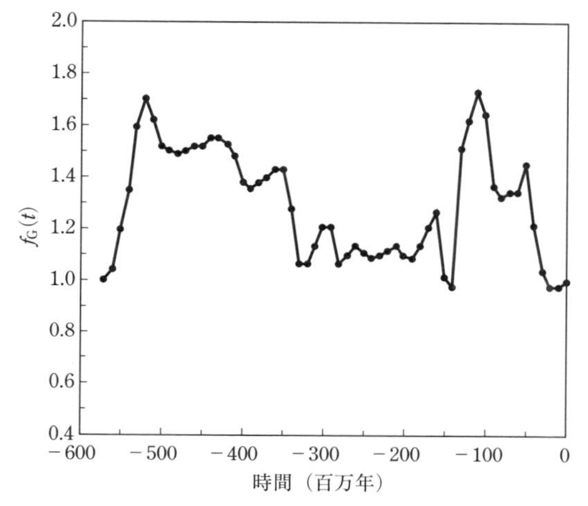

図 2.10 脱ガスのパラメータ f_G （Berner 1994）

したパラメータである。Berner（1994）は，石灰質プランクトンが出現する前（150 Ma より前）の f_C の標準値を 0.75 とし，それ以降現代まで f_C が 1 まで直線的に増加するとした。

＜f_R について＞

f_R は大陸の隆起による影響を表わすパラメータである。大陸が隆起して山脈が形成されると，地表部の一次鉱物（珪酸塩鉱物）が多く露出する。その結果，浸食が進み化学的風化が促進される。Berner（1994）は，過去の海水の Sr 同位体比（$^{87}Sr/^{86}Sr$）が，このような大陸での風化と，海底での熱水活動とのバランスを反映していること（Palmer and Edmond 1989）に着目して f_R を求めた。すなわち，海底堆積物中の $^{87}Sr/^{86}Sr$ が，大陸風化により海洋に流入した珪酸塩や炭酸塩の $^{87}Sr/^{86}Sr$ と，海底熱水反応により海洋にもたらされた海底玄武岩の $^{87}Sr/^{86}Sr$ とのバランスによって決定されるという仮定を行なうことにより，f_R を以下の式で表わした。

$$f_R(t) = 1 - L(R_{ocb}(t) - R_{ocm}(t))/(R_{ocb}(t) - 0.700) \qquad (2\text{-}104)$$

ここで，$R_{ocb}(t)$ は海底熱水反応のみを考慮した場合の海水 Sr 同位体比，$R_{ocm}(t)$ は海成炭酸塩の分析により求められた海水 Sr 同位体比（Burke *et al.*

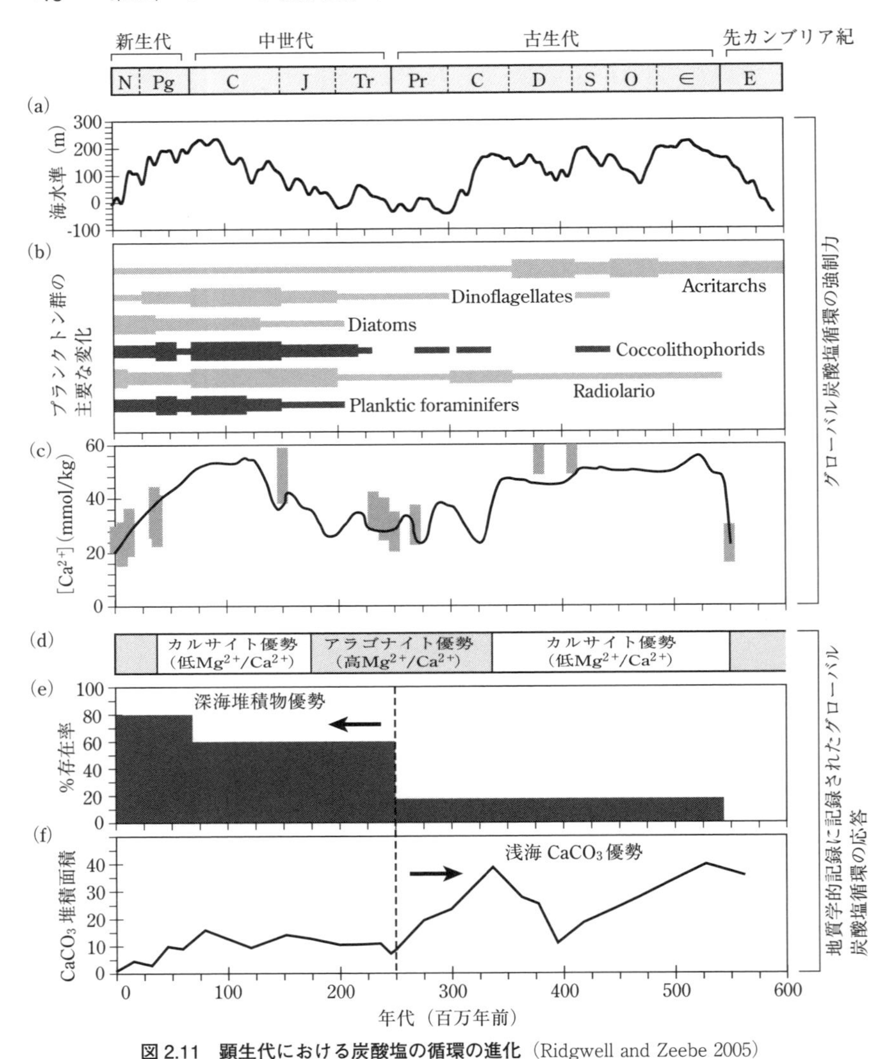

図 2.11　顕生代における炭酸塩の循環の進化 (Ridgwell and Zeebe 2005)
(a) 海水準変動, (b) プランクトンの進化, (c) 海洋のカルシウム濃度, (d) calcite sea および aragonite sea の期間, (e) 遠洋に沈殿する炭酸塩の割合, (f) 浅海での炭酸塩の沈殿面積。

1982), L は経験的に決定されるパラメータである。式 (2-104) により求められた f_R は, 陸源堆積物の分布 (Ronov 1993) に基づき算出された f_R とよく一

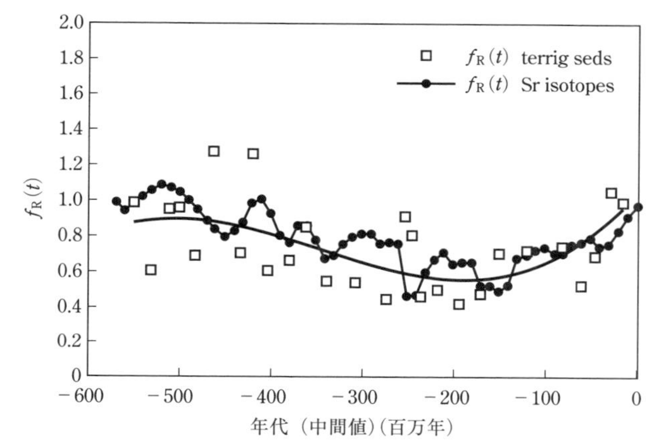

図 2.12 隆起パラメータ f_R の比較（Berner and Kothavala 2001）
terrig seds が陸源堆積物の年代分布に基づき算出された f_R，Sr isotopes は海水の Sr 同位体比（$^{87}Sr/^{86}Sr$）に基づき算出された f_R を表わす。

表 2.8 Berner and Kothavala（2001）のモデルにおけるパラメータの現代値

記号	現代値	文献
C	5000×10^{18} mol	Berner *et al.*（1983）
G	1250×10^{18} mol	Berner *et al.*（1983）
δ_C	3‰	Berner and Kothavala（2001）
δ_g	−27‰	Berner and Kothavala（2001）
k_{wc}	0.00267/Ma	Berner（1987）
k_{wg}	0.0030/Ma	Berner（1987）
F_{ws}	6.7×10^{18} mol/Ma	Berner *et al.*（1983）；Berner（1991）
F_{mc}	6.65×10^{18} mol	Berner *et al.*（1983）
F_{mg}	3.75×10^{18} mol	Berner（1987）
F_{bc}	20.0×10^{18} mol/Ma	Berner（1991）
F_{bg}	5.0×10^{18} mol/Ma	Berner（1987）

致している（**図 2.12**）。

最後に，本節で説明したパラメータやその現代値を**表 2.8** にまとめて示す。

2.3.3 解法および計算結果

本モデルの解法はたとえば次のとおりである（Berner 1991）。まず，パラメータ $f(t)$ に基づき k_{wc}，k_{mc}，k_{wg}，k_{mg}，δ_o を決定する。次に，適当な初期値 C,

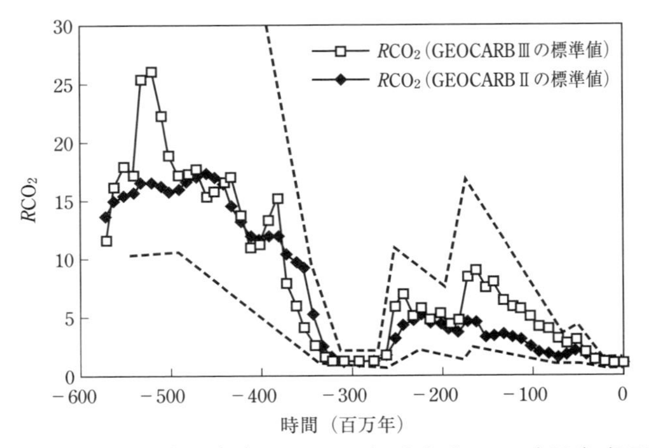

図 2.13　Berner and Kothavala（2001）（GEOCARB III），および Berner（1994）（GEOCARB II）により求められた顕生代の大気 CO_2 濃度変動

上部点線が上限値，下部点線が下限値。

G，f_B，δ_c，δ_g を与えて，F_{wc}，F_{mc}，F_{wg}，F_{mg} を式（2-87）～(2-90）から算出する。そして，これらを式（2-81）と（2-85）に代入して F_{bc} と F_{bg} を求める。F_{bc}，F_{wc}，F_{ws}，および式（2-82）と（2-86）から f_B を求める。この f_B が前記の f_B に収束するまでこの計算を繰り返し行ない，収束したら，C，G，δ_c，δ_g が求まる。この計算を現代まで進める。そして，以上の計算を，初期値が正しい現代値になるまで繰り返す（なお，各パラメータはただちに適当な値に収束する）。

Berner and Kothavala（2001）による大気 CO_2 濃度の計算結果を**図 2.13** に示す。図に示すように，古生代前半の大気 CO_2 濃度はかなり高いが，石炭紀－二畳紀（300 Ma 前後）に急激に減少する。中生代になり再び大気 CO_2 濃度は上昇するが，その後は新生代から現代に向かって大気 CO_2 濃度は減少を続けている。

次に，このような大気 CO_2 濃度の変動の原因を，2.2 節と同様に，パラメータテストを行なって検討する。**図 2.14** は陸上植物の植生の変化（$FERT$）をさまざまに変化させた場合の大気 CO_2 濃度の変化を示している。図に示すように，維管束植物の風化により中生代の大気 CO_2 濃度が大きく減少すること

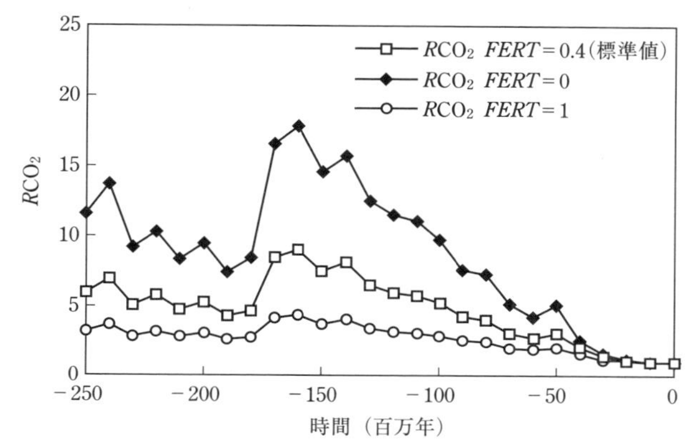

図 2.14 植生の進化が風化に与える影響を表わすパラメータ *FERT* を変化させた場合の大気 CO_2 濃度の変化（0.4 が標準値）（Berner and Kothavala 2001）

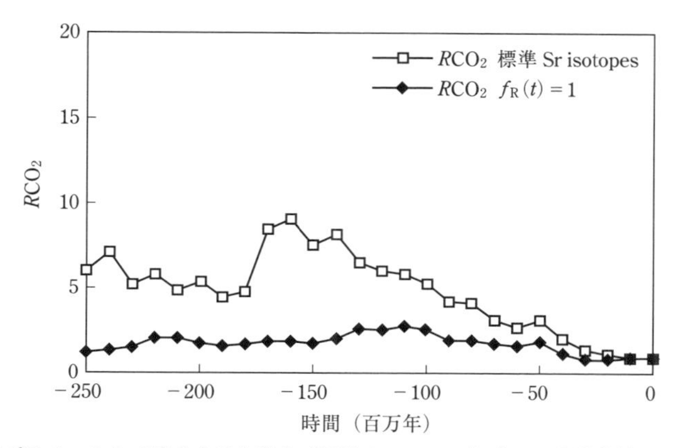

図 2.15 隆起パラメータ f_R を変化させた場合（標準 Sr isotopes）と，f_R を現代値で一定とした場合（$f_R(t)=1$）の大気 CO_2 濃度の変化（Berner and Kothavala 2001）

がわかる。なお，図には示していないが，石炭紀－二畳紀に大気 CO_2 濃度が減少したのも，陸上植物が発達したことによるものと推測されている（Berner and Kothavala 2001）。

図 2.15 は，隆起パラメータ f_R の値を変化させた場合（図 2.12 参照）と f_R を現代値で一定とした場合の大気 CO_2 濃度の変動である。図に示すように，前

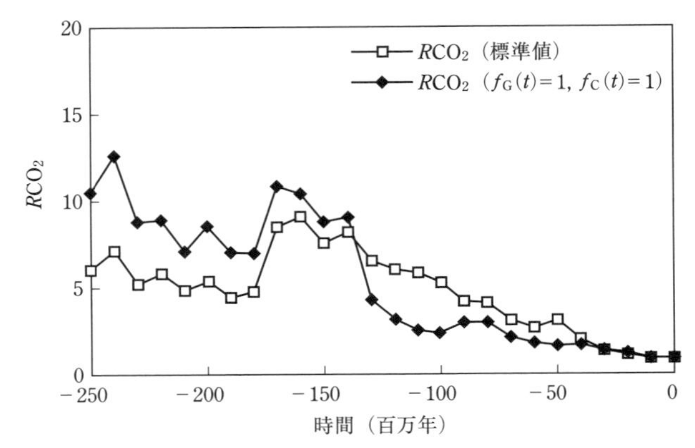

図2.16　脱ガスパラメータ f_G および f_C を現代値で一定とした場合（$f_G(t) = 1$，$f_C(t) = 1$）と，通常の場合（標準値）の大気 CO_2 濃度の変化（Berner and Kothavala 2001）

者の中生代および新生代の値は，後者のそれより明らかに低い。すなわち，大陸の隆起によって中生代および新生代の大気 CO_2 濃度が大きく減少したといえる。なお，f_R を表わす式（2-104）における定数 L（隆起のインパクトを表わす定数）の値は，三畳紀（230 Ma）とジュラ紀（160 Ma）における大気 CO_2 濃度の値が中期白亜紀（110 Ma）よりも大きくなりすぎないような値として，$L = 2$ が適当であるとされている（Berner 1994）。

図2.16は，脱ガスに関するパラメータ f_G と f_C の影響を示したものである。$f_G = f_C = 1$（現代値で一定）とした場合と，f_G と f_C を変化させた場合の大気 CO_2 濃度を比べると，中生代中期から新生代前期にかけて脱ガスの影響が大きいことがわかる。

以上のパラメータテストから，中生代と新生代における大気 CO_2 濃度は，脱ガス，大陸の隆起，植物の進化に影響を受けていたことがわかる。中生代から新生代前期が温暖であったのは，一般的には活発な火成活動のため大気 CO_2 濃度が高かったことによるといわれている（Larson 1991）が，本モデルの計算結果からは，大気 CO_2 の濃度は脱ガス量だけで定まっていたわけではないことがわかる（Berner and Kothavala 2001）。

2.4 炭素循環とストロンチウムのマスバランスを結合したモデル

グローバル炭素循環は，風化や火成作用－変成作用といった地球科学的プロセスによってなりたっている。ところが，これらのプロセスは炭素のみを循環させているわけではない。たとえば，岩石の風化であればCaやMgが大陸から海洋に移行し，また，中央海嶺での火成活動では，海底玄武岩のCaと海洋のMgとの熱水交換反応を伴っている。ここで，ストロンチウム（Sr）に着目してみると，SrはCaやMgと同族の元素であり，これらと親和性が高い。したがって，海洋中のSrの濃度は岩石の風化や火成活動といったプロセスを反映しているはずである。また，海洋におけるSrの滞留時間が約250万年なのに対し，海水の混合時間はそれよりかなり短い（1000～2000年程度）ので，1万年単位以上の時間スケールでは，海水中のSrは世界中で均質に分布しているとみなすことができ，その結果，海水Sr同位体比（$^{87}Sr/^{86}Sr$）は精度の高い（通常，小数点以下4桁の範囲）パラメータとなる。このような理由から，海水Sr同位体比は古くから古環境を示す指標として用いられてきた。

過去の時代の海水Sr同位体比は海底堆積物を分析して得られる。この海水Sr同位体比はおもに，高いSr同位体比（0.71以上）を有する大陸地殻の風化と，低いSr同位体比（0.703以下）を有する海底熱水作用のバランスによって規定される（**図2.17**）。つまり，大気CO_2濃度が岩石の風化と火成活動のバランスによって規定されているのと同様に，海水Sr同位体比の値も風化と火成活動によって定まっているということができる。そこで，グローバル炭素循環モデルの結果を用いて海水Sr同位体比の変動を解析することができるのではないか，という発想が生まれる。

そこで，Berner and Rye（1992）は，グローバル炭素循環モデルと海水Sr同位体比の関係を用いた地球化学モデルを提案した。本節では，このようなSrの地球化学に基づくマスバランスモデルについて解説する。

まず，海洋における^{87}Srのバランスは以下の式で表わすことができる。

$$R_c r_c F_{wc} + R_s r_s F_{ws} + R_b r_b F_{bo} = R_o r_c F_{bc} + R_o r_{ab} F_{ob} \tag{2-105}$$

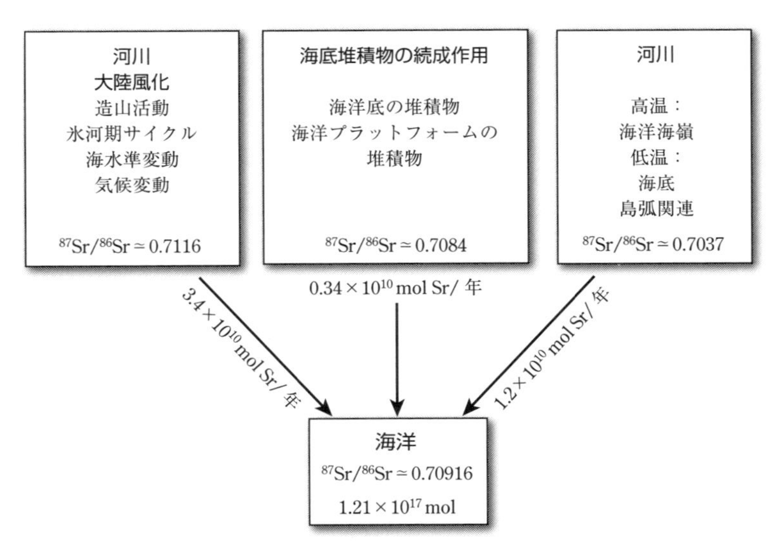

図 2.17　海洋の Sr 同位体比（$^{87}Sr/^{86}Sr$）を決定するプロセス（Banner 2004）

ここで，F_{wc} は炭酸塩の風化による Ca + Mg のフラックス，F_{ws} は珪酸塩の風化による Ca + Mg のフラックス，F_{bc} は海洋における炭酸塩（Ca + Mg 炭酸塩）の沈殿フラックス，F_{bo} は海底熱水反応による玄武岩から海洋への Ca + Mg のフラックス（熱水フラックス），F_{ob} は海洋から玄武岩への Ca + Mg のフラックス，R_c は大陸の炭酸塩の $^{87}Sr/^{86}Sr$，R_s は大陸の珪酸塩の $^{87}Sr/^{86}Sr$，R_o は海洋の $^{87}Sr/^{86}Sr$，R_b は玄武岩の $^{87}Sr/^{86}Sr$，r_c は大陸の炭酸塩の $^{86}Sr/(Ca + Mg)$ 比，r_s は大陸の珪酸塩の $^{86}Sr/(Ca + Mg)$ 比，r_b は新鮮な玄武岩の $^{86}Sr/(Ca + Mg)$ 比，r_{ab} は変質した玄武岩の $^{86}Sr/(Ca + Mg)$ 比である。

ここで，珪酸塩や炭酸塩における Sr/(Ca + Mg) は一定とみなすことができると考えられており（Wedepohl 1978），$r_c = r_s = r_b = r_{ab}$ と仮定する。また，熱水交換反応により Ca と Mg が完全に交換されると仮定し，$r_{ab}F_{ob} = r_bF_{bo}$ とする。F_{ob} は熱水活動のフラックスであり，

$$F_{ob} = f_{sr}F_{ob}(0) \qquad (2\text{-}106)$$

と表わすことができる（f_{sr} は海水準変動，$F_{ob}(0)$ は熱水フラックスの現代値 6.5

$\times 10^{18}$ mol)。

R_c は，海底に沈殿した炭酸塩の大陸へのリサイクルにより変化したと考えることができる。そこで，R_c は炭酸塩の沈殿フラックスに関する一次関数として，以下のように表わすことができる（Berner and Rye 1992)。

$$dR_c/dt = (R_o - R_c)F_{bc}/C \quad (2\text{-}107)$$

ここで，C は炭素の量である。以上から，海水 Sr 同位体比 R_o は式（2-105）を用いて，次のように表わすことができる。

$$R_o = (R_c F_{wc} + R_s F_{ws} + R_b f_{sr}(t) F_{ob}(0)) / (F_{bc} f_{sr}(t) F_{ob}(0)) \quad (2\text{-}108)$$

ここで，F はグローバル炭素循環モデル（たとえば Berner 1991）により求められる炭素のフラックスである。

次に，R_s は大陸の隆起沈降により変動してきたと考えられる。そこで，R_s は隆起パラメータに関する一次関数として以下のように表わすことができる(Berner and Rye 1992)。

$$R_s = 0.716 + a(1 - f_s(t)) \quad (2\text{-}109)$$

ここで，$f_s(t)$ は海水準変動（Gaffin 1987）から求められる大陸の隆起パラメータである。また，a は経験的に定められる定数であり，0.01 が提案されている(Berner and Rye 1992)。

以上の式（2-105）～(2-109）に基づき，R_o の値［海水の Sr 同位体比 ($^{87}Sr/^{86}Sr$)］を求めることができる。

Berner and Rye（1992）は，いくつかのシナリオのもとで R_o を求めた。**図 2.18** は，$R_s = 0.716$ として求めた R_o を，海成炭酸塩の分析に基づく R_o（有孔虫殻の $^{87}Sr/^{86}Sr$；Burke *et al.* 1982）と比較したものであり，**図 2.19** は，式（2-109）により求められた R_s に基づく R_o を，上記分析値の R_o と比較したものである。

$R_s = 0.716$ とした場合の海水 Sr 同位体比変動の計算値は，分析値に一致していない（図 2.18 参照)。すなわち，海水 Sr 同位体比の分析値は最近 50 Ma でほぼ一貫して上昇しているのに対して，R_s を一定にした場合の海水 Sr 同位体

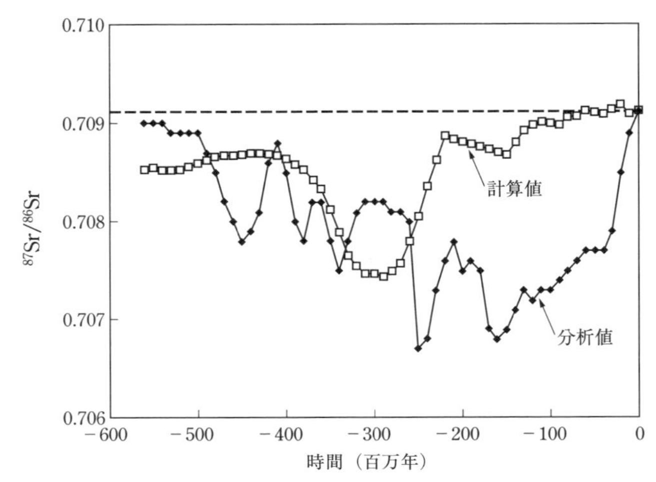

図 2.18　$R_S = 0.716$ と仮定して求めた海水 Sr 同位体比変動の計算値と海水 Sr 同位体比の分析値（Burke *et al.*, 1982）の比較（Berner and Rye 1992）

破線は海水 Sr 同位体比の現代値を示す。

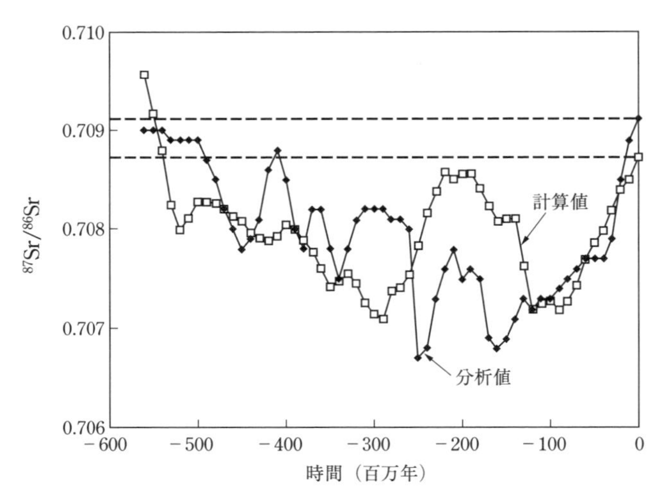

図 2.19　$R_S = 0.716 + 0.01(1 - f_S(t))$ と仮定して求めた海水 Sr 同位体比変動の計算値と海水 Sr 同位体比の分析値（Burke *et al.* 1982）の比較（Berner and Rye 1992）

破線は海水 Sr 同位体比の現代値を示す。

比の計算値はほぼ一定である。これに対して，隆起に基づき R_S を変動させた場合の海水 Sr 同位体比の計算値は，分析値と比較的よく一致している（図 2.19 参照）。この結果は，新生代後期にあったとされる顕著な海水 Sr 同位体比の上昇が，大陸の隆起に基づくことを示唆している（Berner and Rye 1992）。

このように，本モデルは，グローバル炭素循環モデルの結果を用いることで，海水 Sr 同位体比の変動を「復元」することができる。これは逆にいうと，地質時代においても炭素循環は，地球における炭素以外の他元素の循環をコントロールする重要なプロセスであることを示唆している。

2.5 本章のまとめ

- グローバル炭素循環は，いわゆるボックスモデルによってモデル化することができる。ボックスモデルでは，物質（炭素）を保持するリザーバーと，リザーバーに対する入出力であるフラックスの変動によってその物質の時間変化が表わされる。
- グローバル炭素循環モデルのひとつである BLAG モデルは，大気，海洋，珪酸塩，炭酸塩（カルサイト，ドロマイト）のリザーバーを有する炭素循環システムにおいて，風化作用，火成作用－変成作用，海底熱水作用，海洋での炭酸塩の沈殿をフラックスとして表わすことにより構築される。
- BLAG モデルの後継モデルである GEOCARB モデルは，BLAG モデルのシステムをよりシンプルにしつつ，フラックスの変動をコントロールしている外的パラメータを詳細に設定することで，長期的炭素循環を再現する。
- グローバル炭素循環モデルに基づき，炭素以外の元素についての地球化学モデルを構築することができる。たとえば，炭素循環と同様に風化作用や熱水作用によりその値が定まる，海水中のストロンチウムの同位体比（$^{87}Sr/^{86}Sr$）の変動を再現することが可能である。

第3章 プロキシによる古気候の推定

古気候の復元には，グローバル炭素循環モデル以外にもさまざまな手法が提案されている。よく知られているのは，南極などにおける氷床コアの分析である。近年では氷床コアの掘削が進み，かなり古い時代の大気 CO_2 濃度を測定することが可能になってきた（**図 3.1**）。それでもなお，これによって遡ることができる時代は，今のところ数十万年前までにすぎない（Luthi *et al.* 2008）。それ以前の時代については，気候状態を表わす直接的証拠は存在しないため，間接的方法，すなわち堆積物や化石などの分析結果から古気候を推定するといった手段をとらなければならない（いわゆるプロキシの利用）。

プロキシによって算出される代表的な気候パラメータは，大気 CO_2 濃度，

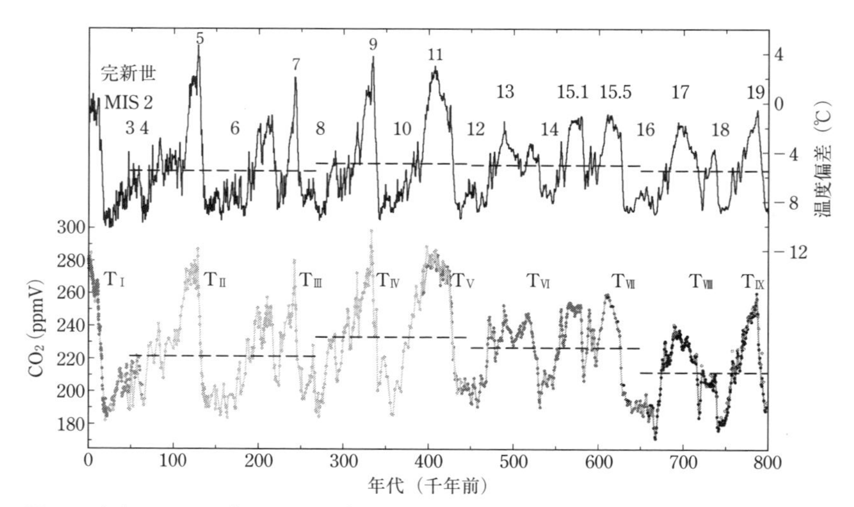

図 3.1　氷床コアにより復元された過去 80 万年の大気 CO_2 濃度と温度偏差（Luthi *et al.* 2008）

海水温，陸上気温である。本章では，これらの気候パラメータを推定する方法を紹介する。

3.1 大気 CO_2 濃度の推定

古い時代の大気 CO_2 濃度を推定する方法としては，前述した氷床コアの空気の分析が有名であるが，これによって百万年以上前の過去の時代に遡ることはできない。そこで，さまざまな手法が提案されてきた。ここでは，①植物プランクトン（アルケノン）の炭素同位体比，②土壌炭酸塩中の炭素同位体比，③気孔密度，④海成炭酸塩のホウ素同位体比，⑤海洋の炭酸塩の飽和度，⑥海底堆積物中のセリウムの分析による方法を紹介する。

3.1.1 植物プランクトンの炭素同位体比に基づく推定

炭素数37～39の直鎖状の炭化水素のうち，C－Cに二重結合とケトン基をもつ長鎖不飽和アルキルケトン（**図3.2**）は「アルケノン」とも呼ばれ，海洋中の植物プランクトンであるハプト（haptophyte）藻（*Emiliania huxleyi* など）により生合成される。このハプト藻類は，CO_2 分子を基質として吸収し，光合成を行なう点が特徴である。この光合成の過程において炭素は同位体分別を起こすが，この同位体分別は藻細胞の周囲の溶存 CO_2 濃度や細胞の増殖速度と

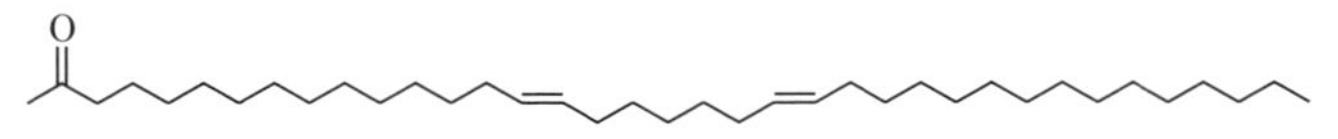

(a) heptatriaconta-15*E*, 22*E*-dien-2-one

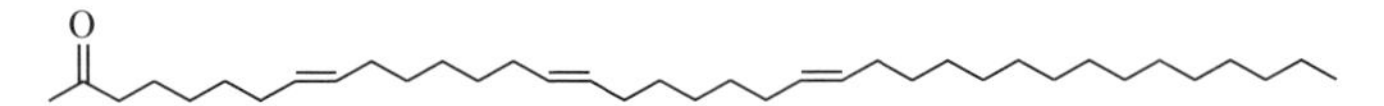

(b) heptatriaconta-8*E*, 15*E*, 22*E*-trien-2-one

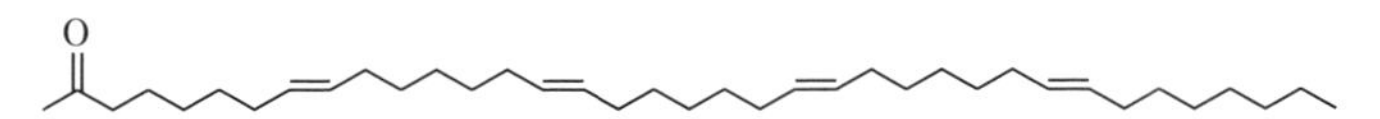

(c) heptatriaconta-8*E*, 15*E*, 22*E*, 29*E*-tetraen-2-one

図3.2 炭素数37の不飽和メチルケトン（Brassell *et al.* 1986；Rechka and Maxwell 1987）
(a) 二価不飽和アルケノン，(b) 三価不飽和アルケノン，(c) 四価不飽和アルケノン。

関連していることが知られている。この関係は次式のように表わされる(Pagani *et al.* 1999a など)。

$$\varepsilon_p = \varepsilon_t + (\varepsilon_f - \varepsilon_t)(C_i/C_e) \quad (3\text{-}1)$$

ここで，ε_p は光合成による同位体分別，ε_f は藻細胞内での酵素（Rubisco）による同位体比分別，ε_t は CO_2 が細胞外から細胞内へ輸送される際の同位体分別，C_i は細胞内の CO_2 濃度，C_e は細胞外の CO_2 濃度（海水の CO_2 濃度に相当）である。

ここで，細胞内の CO_2 濃度 C_i を直接求めることは難しいので，藻細胞の増殖速度 μ を用いて，式（3-1）を以下のように変形する。

$$\mu = (k_1 C_e - k_2 C_i)/C \quad (3\text{-}2)$$

ここで，C は細胞における炭素量，k_1，k_2 は CO_2 の拡散に関する速度定数である。

細胞内外への拡散抵抗が同じであるとすると（$k_1 = k_2$），式（3-1）と（3-2）により以下の式が導かれる。

$$\varepsilon_p = \varepsilon_t + (\varepsilon_f - \varepsilon_t)(1 - \mu C/kC_e) \quad (3\text{-}3)$$

ここで，k は定数である。溶存 CO_2 濃度である C_e が極端に低くないかぎり，ε_p と μ/C_e は比例関係にある（**図 3.3**）ので，この関係を用いて大気 CO_2 濃度を求めることができる。これが，アルケノンの炭素同位体比を用いた大気 CO_2 濃度の推定の基礎理論である。

なお，式（3-3）はさらに以下のように単純化できる。

$$\varepsilon_p = \varepsilon_f - (b/C_e) \quad (3\text{-}4)$$

ここで，b は生理学的要因（前述の増殖速度や細胞の構造など）を表わすパラメータである。b は栄養塩（リン酸塩）の濃度に依存することが知られている。具体的には以下のような式が提案されている（Pagani *et al.* 2005a）。

$$b = 118.52\,[PO_4^{3-}] + 84.07 \quad (3\text{-}5)$$

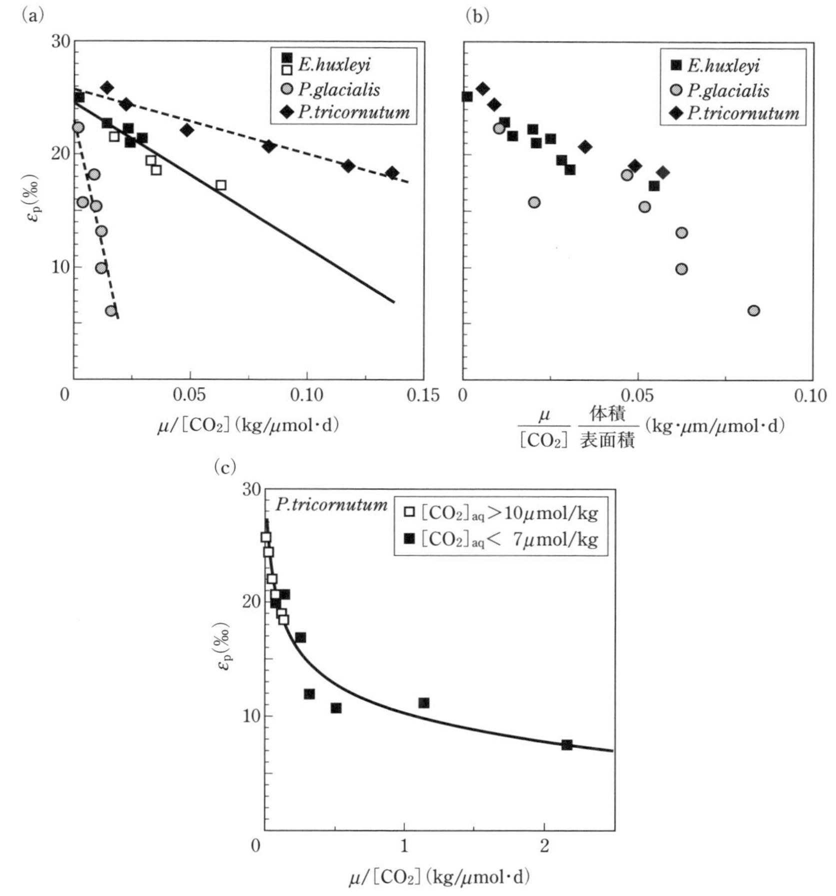

図 3.3 (a) ケモスタット培養に基づく ε_P と $\mu/[CO_2]_{aq}$ の関係（Popp *et al.* 1998）
(b) ε_P と（$\mu/[CO_2]_{aq}$）（体積／表面積）の関係（Popp *et al.* 1998）
(c) $[CO_2]_{aq}$ が低い場合の ε_P と $\mu/[CO_2]_{aq}$ の関係（Laws *et al.* 1995, 1997）

この式を用いれば，大気 CO_2 濃度を比較的簡易に計算することができる。

アルケノンの CO_2 に対する応答の速さから，この手法による大気 CO_2 濃度変動の時間分解能は比較的高い。たとえば，Pagani *et al.*（1999a）では 200 ka（20 万年）程度である。ただ，CO_2 濃度の算出値が高い場合には推定誤差が大きくなる傾向にあることが知られており，とくに CO_2 濃度が 750 ～ 1250 ppm 以上で顕著になる（Kump and Arthur 1999）。

3.1.2　土壌炭酸塩の炭素同位体比に基づく推定

土壌中の CO_2 濃度は，植物の根呼吸や土壌中の有機物の分解のため，大気中の CO_2 濃度よりも数十倍ないし数百倍高くなる。そのため，土壌中には炭酸塩鉱物が沈殿・濃集する。この炭酸塩鉱物（土壌炭酸塩）に着目して，過去の CO_2 濃度を推定する方法が開発された。

まず，土壌中の CO_2 濃度の時間変化は次式のように表わされることが知られている（Cerling 1991；Ekart *et al.* 1999）。

$$\frac{\delta C_S}{\delta t} = D\frac{\delta^2 C_S}{\delta z^2} + \varphi_S(z) \tag{3-6}$$

ここで，C_S は土壌中の CO_2 濃度，z は地表面からの深さ，D は拡散係数，φ は呼吸による CO_2 の生成速度である。式（3-6）において，CO_2 濃度の定常状態や CO_2 濃度の境界条件（$C_S{}^* = C_a{}^*$）を仮定すると，次式が成り立つ。

$$C = C_a + (\varphi(0)\,\bar{z}^2/D)(1 - \exp(-z/\bar{z})) \tag{3-7}$$

ここで，$\bar{z}$ は CO_2 の土壌深さ方向の濃度勾配を表わす定数である。

また，CO_2 の炭素のうち ^{12}C と ^{13}C を区別することで，$\delta^{13}C$ について式（3-7）と同様の式を立てると，以下の式を導くことができる（Cerling 1991）。

$$\delta_S(z) = \left(\frac{1}{R_{PDB}}\left[\frac{S(z)\dfrac{D_s^*}{D_s^{13}} + \left(\dfrac{R_\varphi}{1+R_\varphi}\right) + C_a^*\left(\dfrac{R_a}{1+R_a}\right)}{S(z)\left(1 - \dfrac{D_s^*}{1+D_s^{13}}\right)\left(\dfrac{R_\varphi}{1+R_\varphi}\right) + \left(\dfrac{C_a^*}{1+R_a}\right)}\right] - 1\right) \times 1000 \tag{3-8}$$

ここで，δ_S は土壌中の CO_2 の $\delta^{13}C$，D_S は土壌中の CO_2 の拡散係数，$D_S{}^{13}$ は土壌中の $^{13}CO_2$ の拡散係数，$S(z)$ は生物学的呼吸による CO_2 の生成速度（$C_S(z) = S(z) + C_a{}^*$），$C_a{}^*$ は大気中の CO_2 濃度，R_φ，R_a，R_{PDB} はそれぞれ土壌呼吸の CO_2，大気 CO_2，PDB 標準の $^{13}C/^{12}C$ 比である。

そして，式（3-7）と（3-8）を解くことにより，次頁の式が導かれる（Cerling 1991）。

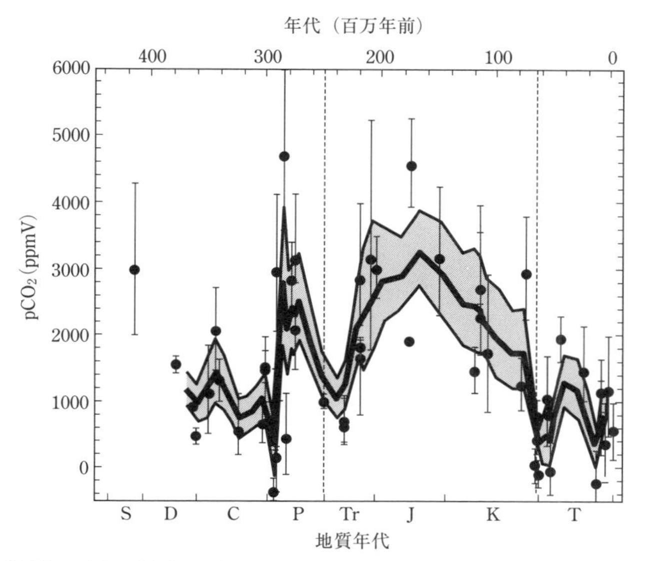

図 3.4　土壌炭酸塩の分析に基づき推定された過去 4 億年の大気 CO_2 分圧 pCO_2（Ekart *et al.* 1999）
太線は 5 点移動平均。S：シルル紀，D：デボン紀，C：石炭紀，P：二畳紀，Tr：三畳紀，J：ジュラ紀，K：白亜紀，T：第三紀。

$$C_{\mathrm{a}} = S(z)\,\frac{\delta_{\mathrm{s}} - 1.0044\delta_{\varphi} - 4.4}{\delta_{\mathrm{a}} - \delta_{\mathrm{s}}} \qquad (3\text{-}9)$$

ここで，δ_{φ} は土壌呼吸により取り込まれる CO_2 の $\delta^{13}C$，δ_{a} は大気 CO_2 の $\delta^{13}C$ である。この式により大気 CO_2 濃度を算出することができる。その具体例として，**図 3.4** に過去約 4 億年の大気 CO_2 濃度の変化を示した（Ekart *et al.* 1999）。

古土壌に基づく大気 CO_2 濃度の推定は，かなり古い時代の大気 CO_2 濃度も推定できることが特徴である。ただ，その時間分解能はけっして高くはなく，これは土壌中の炭酸塩がその生成に 10^3 ～ 10^4 年程度かかることによる。

3.1.3　植物の気孔密度に基づく推定

植物は気孔を通じて大気中の CO_2 を取り込み，また水蒸気を蒸散させるが，この両者のバランスは大気中の CO_2 濃度によって異なることが知られている。

その詳細なメカニズムはよくわかっていないものの，たとえば，大気中のCO_2分圧が高い場合には気孔伝導度（気孔によるCO_2の取り込み）を減少させることにより，水利用効率（光合成量に対する蒸散量の割合）を上昇させ，水の損失を減らしているものと考えられる。この気孔伝導度は気孔密度と相関関係がある。そして，気孔密度は，日射，水損失，気孔の位置などに依存するので，以下のような気孔指数（stomatal index；SI）を導入することで，大気CO_2分圧と気孔との関係式を得ることができる。

$$SI = \frac{SD}{SD + ED} \times 100 \qquad (3\text{-}10)$$

ここで，SDは気孔細胞の密度，EDは表皮細胞の密度である。すなわち，気孔指数は全表皮細胞数に対する気孔数の割合であり，気孔が存在する孔辺細胞と表皮細胞を考慮した気孔の相対量である。気孔指数は，気孔密度に対して，細胞増殖の効果を規格化した指数ということができる。

気孔指数は，CO_2分圧と負の相関関係にあることが知られている（Woodward 1987；Royer 2001）。気孔指数は現代のCO_2分圧（約350 ppm）よりも低い値に対しては大気CO_2分圧と逆比例の関係にあるが，現代値よりもCO_2分圧が高くなるとその関係から逸脱していく（**図3.5**）。この原因はよくわかっていないが，気孔密度とCO_2分圧の関係が植物種によって異なることがかかわっていると考えられる（Woodward and Kelly 1995）。いずれにせよ，正確なCO_2分圧の算出の推定のためには，上記の逸脱の補正が重要である（Beerling and Royer 2002）。たとえば，Beerling and Royer（2002）は，比較的高いCO_2分圧でも適用可能な以下のような関係式を提案した。

$$SI = 7.085 + 20.73 \exp(-0.005538\, C_{\mathrm{a}}) \qquad (3\text{-}11)$$

ここで，C_{a}は大気CO_2濃度（ppm）である。

*Ginkgo*などの気孔指数を用いて求めた新生代の大気CO_2濃度の一例を**図3.6**に示す。気孔指数によるCO_2濃度の推定値は，高いCO_2分圧の下での誤差はあるものの，それ以外の部分では比較的信頼できるといえる。

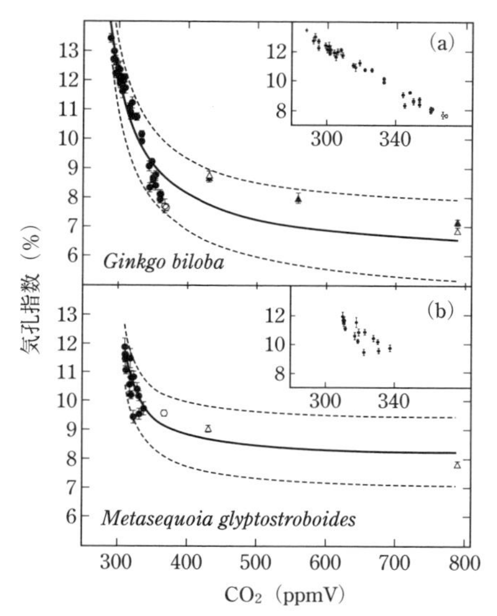

図 3.5 大気 CO_2 濃度と（a）*Ginkgo biloba*，（b）*Metasequoia glyptostroboides* の気孔指数との関係（Royer *et al.* 2001）
曲線は回帰線を表わす。小窓は拡大図。

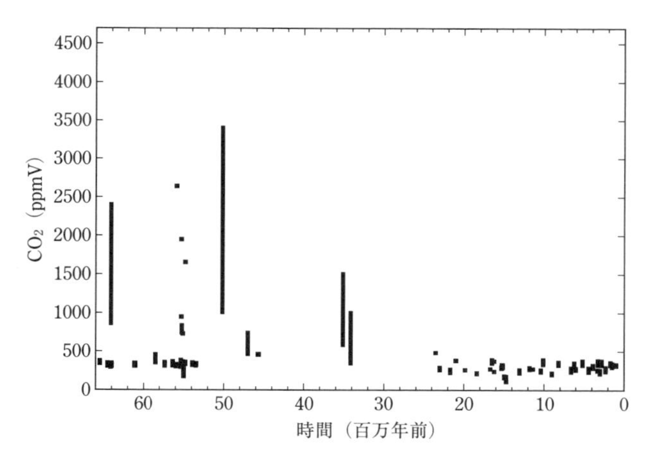

図 3.6 気孔密度（指数）に基づき求められた新生代の大気 CO_2 分圧（Royer 2003）

3.1.4　海成炭酸塩中のホウ素同位体比に基づく推定

海水中には数 ppm 程度のホウ素が溶存しており，三水酸化物 $B(OH)_3$ および四水酸化物イオン $B(OH)_4^-$ の2つの水酸化物イオンが次のような平衡状態にある。

$$B(OH)_3 + H_2O = H^+ + B(OH)_4^- \quad (3\text{-}12)$$

この平衡反応の平衡定数である

$$K_B = [H^+][B(OH)_4^-]/[B(OH)_3] \quad (3\text{-}13)$$

は既知の値である。

式（3-13）は次のように書き換えられる。

$$\log([B(OH)_4^-]/[B(OH)_3]) = pH - pK_B \quad (3\text{-}14)$$

一方，ホウ素には ^{11}B と ^{10}B の2種類の同位体があり，この2つの同位体について次の平衡関係が成立している。

$$^{10}B(OH)_3 + {}^{11}B(OH)_4^- = {}^{11}B(OH)_3 + {}^{10}B(OH)_4^- \quad (3\text{-}15)$$

この反応の平衡定数（同位体平衡定数）は次のようになる。

$$^{10/11}K = [^{10}B(OH)_4^-]/[^{11}B(OH)_4^-] \quad (3\text{-}16)$$

ここで，同位体平衡定数の代わりに，分別係数 α を用いる。式（3-15）と（3-16）における分別係数 α は次のようになる。

$$\alpha = (^{10/11}K)^{-1} = R([B(OH)_4^-])/R([B(OH)_3]) \quad (3\text{-}17)$$

ここで，$R(i)$ は化学種 i における $^{11}B/^{10}B$ 比である。

ここで，海洋における ^{11}B の総数と ^{10}B の総数は，それぞれ

$$^{11}B = {}^{11}B(OH)_4^- + {}^{11}B(OH)_3 \quad (3\text{-}18)$$

$$^{10}B = {}^{10}B(OH)_4^- + {}^{10}B(OH)_3 \quad (3\text{-}19)$$

である。

以上の式を用いると，海水中の $B(OH)_4^-$ は以下の式で表わすことができる。

$$R(B(OH)_4^-) = R_{SW}\left(\frac{1 + \alpha 10^{pK_B{}^* - pH}}{10^{pK_B{}^* - pH}}\right) \tag{3-20}$$

ここで，R_{SW} は海洋における $^{11}B/^{10}B$ 比である。

分別係数 α は一定とみなせ，また $B(OH)_4^-$ は分別を起こすことなく炭酸塩に取り込まれる性質を有していることから（Kakihana *et al.* 1977；Hemming *et al.* 1995；Hemming and Hanson 1992），海水の $^{11}B(OH)_4^-$ の濃度がわかれば，式(3-20) から海水の pH を求めることができる。

次に，この pH を用いて大気 CO_2 濃度を求める。大気 CO_2 濃度の算出には，全溶存炭素量 ΣCO_2（炭酸平衡の式 (2-13)～(2-15) から求められる）とアルカリ度を用いる（Pearson and Palmer 1999；Pearson and Palmer 2000）。この計算を行なうと，大気 CO_2 濃度は次式のようになる。

$$P_{CO_2} = K_H\left(1 + \frac{K_1}{[H^+]} + \frac{K_1K_2}{[H^+]^2}\right)^{-1}\Sigma CO_2 \tag{3-21}$$

以上の方法で求められた，新生代における大気 CO_2 濃度の変動を**図 3.7** に示す。なお，図に示したように始新世後期から漸新世の大気 CO_2 濃度は求められていない。これは，この時代におけるサンプルが分析されていないためで

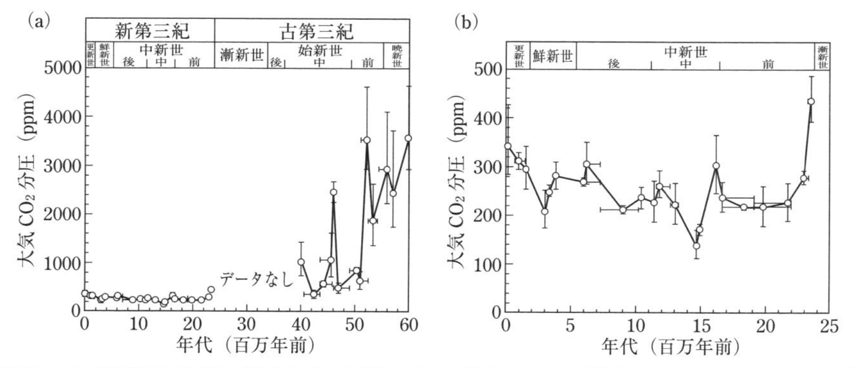

図 3.7　ホウ素同位体比に基づき求められた過去 6000 万年の大気 CO_2 分圧（Pearson and Palmer 2000）

ある。

ホウ素同位体比を用いたこの算出方法には，以下の問題点が指摘されている。たとえば，計算上一定とされているホウ素（^{11}B と ^{10}B）の量は，海洋に流入する河川水や海底の変質作用によって変化するはずである（Lemarchand *et al.* 2002）。アルカリ度を一定していることも問題かもしれない。また，ホウ素の同位体分別の分析値には一定の誤差が含まれているので，古い時代である新生代前期の pH 値は疑問であるという指摘もある（Pagani *et al.* 2005b）。しかしながら，この方法による推定値はアルケノンによる推定値とよく一致している。とくに，新生代後期で pH の誤差の影響が小さい時代では，検討する価値は十分にあるだろう。

3.1.5　海洋における炭酸塩の飽和度を利用した推定

過去の海洋は，少なくとも過去1億年程度の間，Ca 炭酸塩について過飽和であったと考えられている。海洋における Ca 炭酸塩の飽和状態は次式で表わすことができる。

$$W = [Ca^{2+}][CO_3^{2-}]/K_{SP} \tag{3-22}$$

ここで，W は飽和度，K_{SP} は溶解度定数である。K_{SP} は既知であるから，もし W と Ca^{2+} 濃度が決定できれば CO_3^{2-} 濃度が求まる。そして，この CO_3^{2-} 濃度と，Pearson and Palmer（1999, 2000）により推定された pH を用いれば，大気 CO_2 濃度を求めることができる（Demicco *et al.* 2003）。

海洋に存在する Ca 炭酸塩にはカルサイトとアラゴナイトがあるが，どちらがおもに沈殿するかは，その時代における海水の Mg/Ca 濃度比に依存する。Demicco *et al.*（2003）は，Mg/Ca 比が2より大きい時代（0～40 Ma）の海洋ではアラゴナイトが沈殿し（aragonite sea），Mg/Ca 比が2より小さい時代（40～60 Ma）の海洋ではカルサイトが沈殿する（calcite sea）（Sandberg 1983；Stanley and Hardie 1998；Lowenstein *et al.* 2001）と仮定することで，CO_3^{2-} 濃度を算出した。CO_3^{2-} 濃度が求まれば，炭酸平衡の関係［式（2-13）～（2-15）］を利用して大気 CO_2 濃度を求めることができる。なお，Ca^{2+} 濃度には，流体包有物の分析値（Lowenstein *et al.* 2001；Horita *et al.* 2002）を用いることがで

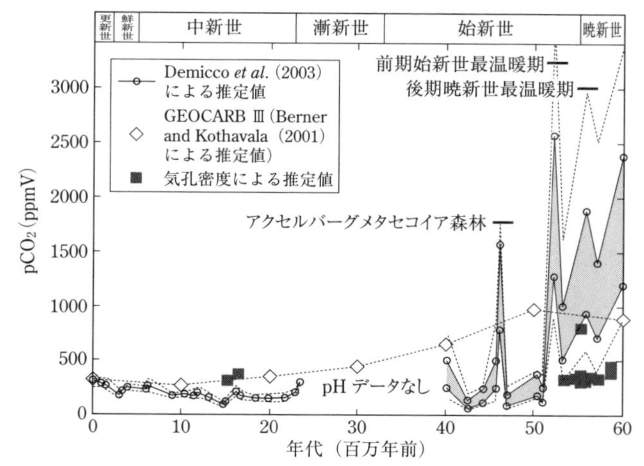

図 3.8　炭酸塩の飽和指数に基づき求められた過去 6000 万年の大気 CO_2 分圧 pCO_2
(Demicco *et al.* 2003)

きる。

図 3.8 に，Demicco *et al.* (2003) により求められた新生代の大気 CO_2 濃度の変化を示す。なお，以上の方法に類似するものとして，炭酸塩補償深度 (carbonate compensation depth；CCD) に基づき炭酸塩の飽和度 W を求め，これにより CO_3^{2-} 濃度を算出する方法も提案されている (Tyrell and Zeebe 2004)。

3.1.6　海底堆積物中のセリウムに基づく推定

一般に，岩石中の希土類元素 (rare earth elements；REE) の濃度をコンドライトなどで規格化した値は，原子番号が大きくなるほど低くなる傾向がある。しかし，REE のひとつであるセリウム (Ce) は，その前後の原子番号の元素と比較すると特異的な濃度を示すことがある。このような Ce 濃度の特異性を「Ce 異常」(または Ce 偏差；Ce anomaly) と呼ぶ。

Ce 異常の原因は，Ce が Ce^{3+} と Ce^{4+} の 2 つのイオン状態をとりうることによる。したがって，両者の存在量のバランスがわかれば，海洋の酸化還元状態を推定することができる。そこで，これを利用して大気 CO_2 濃度を推定するユニークな手法が提案された (Liu and Schmitt 1996)。

Ceは海水中で次のような平衡状態にある。

$$2\,Ce^{3-} = Ce^{4-} + 2\,e^{-} \quad (3\text{-}23)$$

$$CeCO_3^{+} = Ce^{3+} + CO_3^{2-} \quad (3\text{-}24)$$

$$Ce(CO_3)_2^{-} = Ce^{3+} + 2\,CO_3^{2-} \quad (3\text{-}25)$$

$$2\,Ce^{4+} + 8\,OH^{-} = 2\,Ce(OH)_4 \quad (3\text{-}26)$$

$$CeCO_3^{+} + Ce(CO_3)_2^{-} + 8\,OH^{-} = 2\,Ce(OH)_4 + 3\,CO_3^{2-} + 2\,e^{-} \quad (3\text{-}27)$$

ここで，上記の酸化還元電位は次のように表わされる（Liu and Schmitt 1996）。

$$Eh = -1.14 + (0.00546/2)\ \log\,[a_0^{\,2}(a_{CO_3^{2-}})^3]/[a_+ a_-(a_{OH^-})^8] \quad (3\text{-}28)$$

ここで，a_0 は $Ce(OH)_4$ の活量，$a_{CO_3^{2-}}$ は CO_3^{2-} の活量，a_+ は $CeCO_3^{+}$ の活量，a_- は $Ce(CO_3)_2^{-}$ の活量，a_{OH^-} は OH^- の活量である。

また，“$H_2O = 1/2\ O_2 + 2\,H^+ + 2\,e^-$”の反応における酸化還元電位は次のようになる。

$$Eh = 0.84 + 0.014\log P_{O_2} - 0.056\,pH \quad (3\text{-}29)$$

式（3-28）～(3-29）から，

$$\log a_+ + \log a_- = 46.2 + \log\,[a_0^{\,2}(a_{CO_3^{2-}})^3] - 0.51\log P_{O_2} - 5.95\,pH \quad (3\text{-}30)$$

がなりたつ。ここで，P_{O_2} は大気 O_2 濃度である。

以上の式と海底堆積物のCe濃度から $CeCO_3^{+}$ や $Ce(CO_3)_2^{-}$ などの濃度を求め，これらと海水のpH，大気 O_2 濃度により，大気 CO_2 濃度を算出できる（**図3.9**）。

この手法は，計算過程をみるかぎりストレートな論理で大気 CO_2 濃度を算出しているが，上記のCeの平衡関係はそもそも微生物によって影響を受ける。また，この方法では計算上多数の仮定を用いている。これらにより生じる誤差がどの程度のものなのかは，実際のところ不明である。

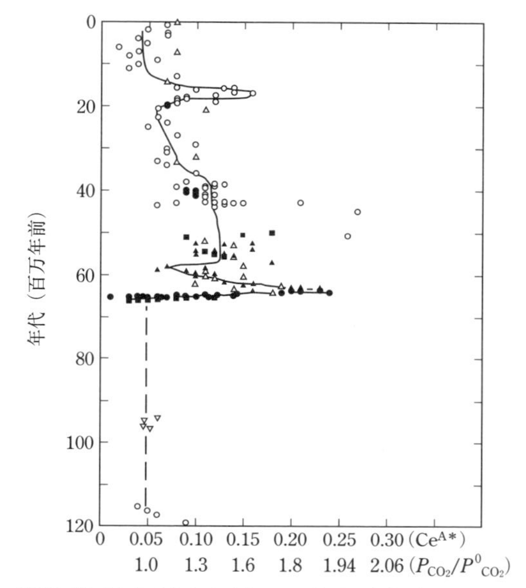

図 3.9　Ce 異常に基づき求められた大気 CO_2 分圧の変化（Liu and Schmidt 1996）
Ce^{A*} は Ce 異常を，「$P_{CO_2}/P^0_{CO_2}$」は大気 CO_2 分圧の現代値に対する比を表わす。

3.2　海水温の推定

過去の海水温を推定する方法としては，古くから有孔虫殻の酸素同位体比 $\delta^{18}O$ の分析が行なわれていた。その古典的な研究である Emiliani（1955）は，有孔虫殻の酸素同位体比と海水温との関係を定式化し，更新世の海水温変動を再現した。それ以降，$\delta^{18}O$ に関する数多くの研究がなされるようになった。酸素同位体比を用いた古海水温の推定は，過去の気候変動を推定する最も一般的な方法となっている。また，酸素同位体比のほかにも古海水温の指標として，Mg/Ca 比や Sr/Ca 比が有用であることが知られている。本節では，これらの海水温の推定方法について解説する。

3.2.1　酸素同位体比に基づく推定

海洋に生息する有孔虫は，炭酸カルシウム（$CaCO_3$）からなる殻を有するが，この成分は海水に由来する。海水中の酸素のうち，^{18}O の割合は温度が低いほど大きくなるので，有孔虫殻の ^{18}O の割合を調べることで，有孔虫が生息していた当時の海水温を推定することができる。

古海水温を推定するための $\delta^{18}O$ は，次式で表わされる。

$$\delta^{18}O = \frac{{}^{18}O/{}^{16}O_{sample} - {}^{18}O/{}^{16}O_{standard}}{{}^{18}O/{}^{16}O_{standard}} \times 1000 \qquad (3\text{-}31)$$

ここで，$^{18}O/^{16}O_{sample}$ は対象試料の同位体比，$^{18}O/^{16}O_{standard}$ は標準試料（たとえば，standard mean ocean water；SMOW）の同位体比である。^{18}O と ^{16}O の間の同位体平衡定数は温度に依存するので，有孔虫の酸素同位体比を測定することにより，古海水温を求めることができる。

ただ，この酸素同位体比の値は温度だけでなく，海水の塩分や大陸に存在する氷（大陸氷床）の量によっても変動することが知られている。とくに大陸氷床の影響は大きい。海水が蒸発すると質量の小さい ^{16}O が優先的に蒸発するので，蒸発した水分が大陸に降下して（降雨となって）大陸氷床を形成することで，海水の $^{18}O/^{16}O$ 比は上昇する。

このように，酸素同位体比は海水温変動だけでなく大陸氷床の量の変動も反映している。そのため，たとえば大規模な氷床が出現する前後にわたる海水温変動を推定する場合は，大陸氷床の消長を考慮しておかなければならない。

前述の Emiliani(1995) は更新世（10^5 年スケール）での海水温の推定を行なったが，現在，百万年単位での研究が数多く行なわれており（Shackleton and Kennett 1975；Savin *et al.* 1975；Veizer *et al.* 1999；Zachos *et al.* 2001a），現在は最も信頼性の高い古気候の再現手段のひとつとなっている。

3.2.2　Mg/Ca 比に基づく推定

有孔虫などの海洋生物は，炭酸カルシウムを取り込む際にマグネシウムも取り込むが，この際の Mg/Ca 比は海水温と相関がある。また前述のように，酸素同位体比は水温のほかに塩分や氷床量によって変化するが，Mg/Ca ではこれらによる影響がとても小さい。また，海水中の Mg/Ca 比は場所によらずほぼ一定であるので，精度の高いデータが得られるという特徴がある。そこで，

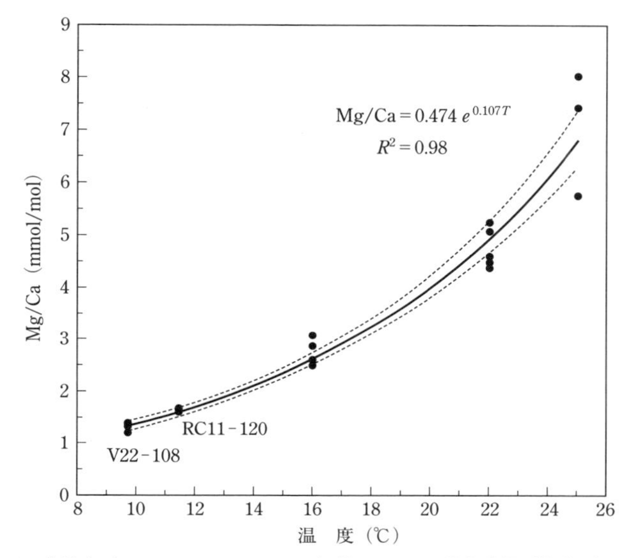

図 3.10 有孔虫 (*Globigerina bulloides*) 殻の Mg/Ca 比と水温 (海水温) との関係
(Mashiotta *et al.* 1999)

有孔虫殻の Mg/Ca 比を測定することで，海水温をより正確に推定できる。これが，Mg/Ca 比を用いた古海水温の推定の原理である (Mashiotta *et al.* 1999；Elderfield and Ganssen 2000)。

具体的な計算方法は以下のとおりである。有孔虫殻と海水の間に，以下の平衡関係がなりたっているとする。

$$CaCO_3 + Mg^{2+} = MgCO_3 + Ca^{2+} \quad (3\text{-}32)$$

この分配係数 D は，

$$D = ([Mg]/[Ca])_{aragonite}/([Mg^{2+}]/[Ca^{2+}])_{seawater} \quad (3\text{-}33)$$

と表わすことができる。アラゴナイト (aragonite) は有孔虫殻の主成分である。

Mg/Ca 比と海水温の関係は経験的に求められる。たとえば Mashiotta *et al.* (1999) によれば，以下のように表わされる (**図 3.10** も参照)。

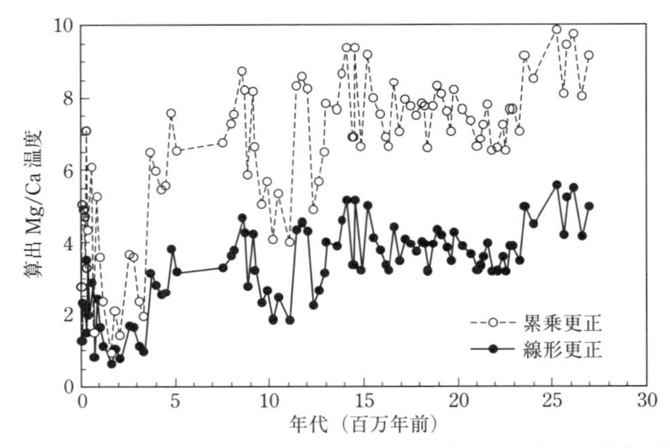

図 3.11　有孔虫殻の Mg/Ca 比に基づき求められた過去 3000 万年の深層水の温度変化
(Ravizza and Zachos 2003)
累乗更正とは累乗近似による更正（Lear *et al.* 2002）を用いた場合の温度変化を，線形更正とは線形近似による更正（Billups and Schrag 2002）を用いた場合の温度変化を示す。

$$SST = \ln([\mathrm{Mg}]/[\mathrm{Ca}]/0.474)/0.107 \qquad (3\text{-}34)$$

ここで, SST は表層海水温 (sea surface temperature), [Mg] は Mg の濃度, [Ca] は Ca の濃度である。

Mg/Ca 比は，酸素同位体比に比べて氷床の影響が少ないとされている (Mashiotta *et al.* 1999；Lea *et al.* 2000)。また，分析機器や分析技術の向上によって，Mg/Ca 比は 0.3 ～ 0.5% の誤差範囲で測定することが可能となっている。Mg/Ca 比は，サンゴや共生藻の代謝活動および成長速度の差異といった生理学的・生物学的な要因（生物学的効果，vital effect）により多少の影響を受けるものの，基本的には水温に依存する。**図 3.11** に，Mg/Ca 比に基づいて求められた過去 3000 万年における深層水の温度変化を示したが，このような Mg/Ca 比の研究例はまだ多くはない。Mg/Ca 比は，酸素同位体比を補完するものとして用いられる。

3.2.3　Sr/Ca 比に基づく推定

炭酸カルシウムにおける Sr–Ca の分配係数は，Mg–Ca と同様に，水温と圧

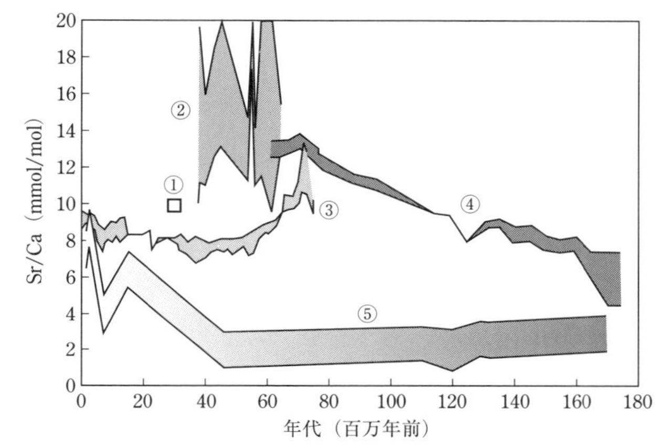

図 3.12 サンゴなどによって求められた海水 Sr/Ca 比（Balter *et al.* 2011）
①サンゴ（Ivany *et al.* 2004），②腹足類（gastropod）（Tripati *et al.* 2009），③底生有孔虫（Lear *et al.* 2003），④腕足類（brachiopod），矢石（belemnite），厚歯二枚貝（rudist）（Steuber and Veizer 2002），⑤海底玄武岩の炭酸塩（Coggon *et al.* 2010）。

力に依存する。とくに地表付近に生息するサンゴを利用すると，圧力をほぼ一定とみなせるので，その Sr/Ca 比は海水温の変動を表わすことになる。ただ，サンゴ化石は 10 万年を超えると変質してしまうのが通常であり，100 万年より前に時代を遡ることは容易でないため，有孔虫殻を利用することになる。たとえば，Graham *et al.*（1982）は浮遊性有孔虫殻の分析により，新生代における Sr/Ca 比の変動を求めたが，そのデータのばらつきはとても大きい。これは，堆積後の続成作用や種間の差などによる。これに対して底生有孔虫は比較的保存がよいが，その Sr–Ca の分配係数は水温よりもむしろ水深（水圧）に依存することがわかっている（Rosenthal *et al.* 1997）。したがって，水深に関する補正を行なえば，Sr/Ca 比は海水の Sr/Ca 比を表わすものとして利用することができる。

海水 Sr/Ca 比として用いることのできる化石には，有孔虫のほか，海底玄武岩の炭酸塩，腕足類（brachiopod），矢石（belemnite），厚歯二枚貝（rudist），腹足類（gastropod）があるが，それらの間の推定値のばらつきが大きい（**図 3.12**）。この点に関する信頼性の向上が今後の課題である。

3.3　陸上気温の推定

陸上の堆積物や化石で変質していないものは，過去の気候を記録しているはずである。したがって，陸上気温は理論上，古海水温の場合と同様に，堆積物や化石の成分分析などを行なう（すなわちプロキシとしての利用を行なう）ことで推定できる。たとえば，Dworkin *et al.*（2005）は土壌炭酸塩の酸素同位体比に基づき，K-T 境界における米国の陸上気温（年平均気温）を推定している。

ただし，陸上におけるプロキシは一般に，海洋と比べて限定された地域の気候しか示さない。陸上では，地形，生態系，風，湿度といったさまざまな環境因子によって堆積物などの成分が容易に変化し，かつそれらは地域ごとに大きく異なる。そのため，分析値が大きくばらつく傾向があり，これらの分析値が当時の気候をどの程度，一般的に反映しているのかが問題になる。また，陸上の堆積物は風化・分解されやすいので，保存状態のよい試料が得られるケースは限られている。したがって，同位体比を用いて陸上気温を推定する方法はあまり一般的とはいえない。そこで，陸上気温の推定は，よりマクロ的視点に立って行なうことが好ましい。

このような点から，陸上植物の形態や植生の分布に基づき陸上気温を推定する方法が一般的に受け入れられている。本節では，これらの方法について解説する。

3.3.1　葉縁解析

植物は気候に順応して進化するので，その植物相は気候を反映したものになっている。たとえば，木本の双子葉植物（広葉樹）の場合，その葉縁や葉面積は気候状態と深いかかわりがある。このうち，葉縁は気温と強い相関があることが知られている（Wolfe 1978）。葉縁解析（leaf margin analysis；LMA）は，このような発想に基づき陸上気温を推定する方法である。すなわち，植物葉（の化石）を全縁葉と非全縁葉（鋸歯縁，裂片歯など）に分類し（**図 3.13**），全縁葉の植物の種数の割合［全縁率，percent of entire margined species（EMS）］

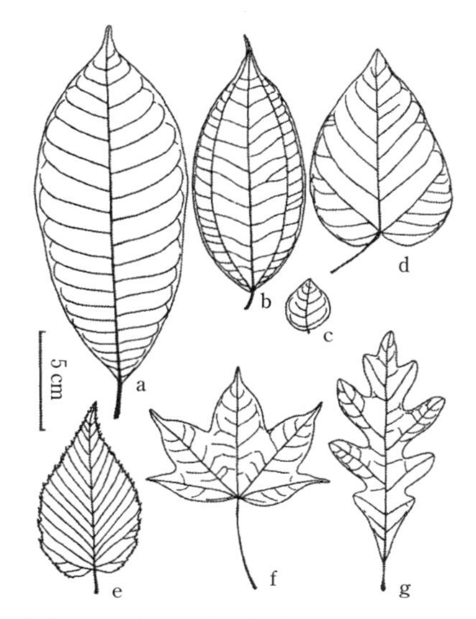

図 3.13　葉縁のうち全縁葉（a ～ d）と非全縁葉（e ～ g）（植村 1993；許可を得て転載）

を求める。適潤，多湿気候下での森林では全縁率と気温との間にとくに強い相関関係がみられるので，これを利用して古気候を推定することができる。たとえば東アジアでは，年平均気温（mean annual temperature；MAT）と全縁率の間にはおおよそ，

$$MAT = 1.141 + 0.306 \times EMS\ (\%) \tag{3-35}$$

の関係がある（**図 3.14**）。

日本は LMA に適した気候帯に属している。**図 3.15** に，LMA により求められた新生代後期における日本の陸上気温の推定を示した。

葉の形状と気温との間に相関関係がある理由はよくわかっていない。ただ，植物の光合成と深く関係していることはまちがいないと思われる。葉の表面に存在する気孔は，二酸化炭素を取り込むと同時に水蒸気を蒸散させている。歯を有する葉はそれだけ表面積を有するので，光合成を効率よく行なうことができる。したがって，たとえば成長期が短い寒冷な気候の下では，植物は光合成を効率よく行なう必要があるため，鋸歯縁であることが有利となり，そのよう

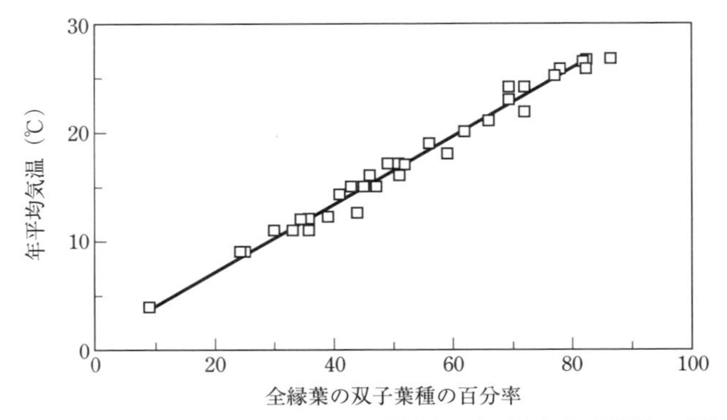

図 3.14　東アジア地域における全縁率（横軸）と年平均気温（縦軸）の関係
（Wing and Greenwood 1993；Wolfe 1979）

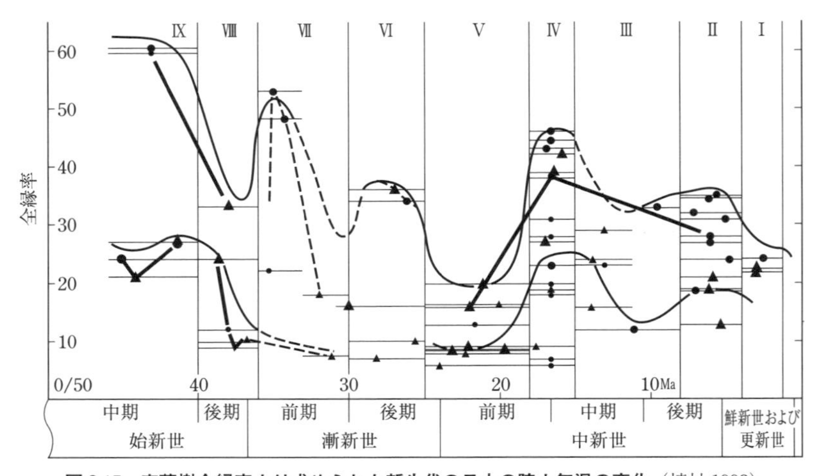

図 3.15　広葉樹全縁率より求められた新生代の日本の陸上気温の変化（植村 1993）
縦軸の全縁率が高いほど気温も高い。上のカーブは中部日本以南，下のカーブは北海道の試料に基づく。同一地域で気温変化を示す重要な植物化石群は，太い実線または点線で示した。I～IX は植物化石群による時代区分であり，それぞれ，新庄型（I），三徳型（II），台島型（IV），阿仁合型（V）である（Tanai 1961）。なお，III には名称がないが，基本的には II の三徳型に近い。

な適応を行なった植物が進化することになる。逆に，成長期が長い温暖な気候の下ではそのような適応は不要であり，むしろ葉の面積を小さくして乾燥を防止する必要が生じる。

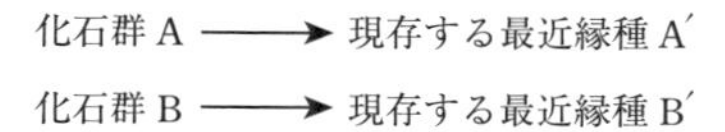

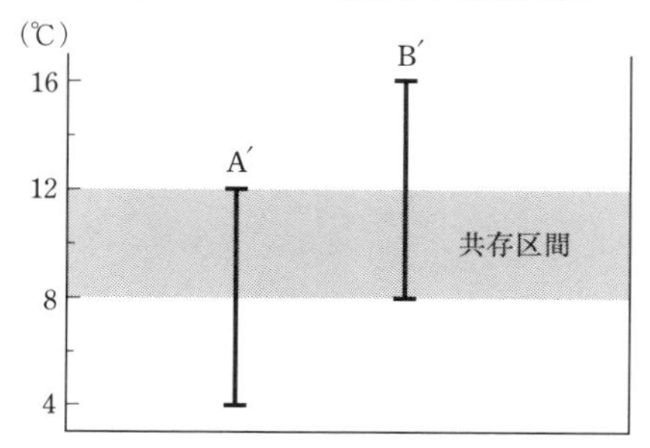

図 3.16 共生法（CA）の基本的な考え方（Mosbrugger and Utescher 1997）

LMA による気温推定の信頼性を高めるためには，より多くのサンプルに基づき葉相と気温の関係を求める必要がある。そのような視点から，CLAMP（climate-leaf analysis multivariate program）と称される多変量解析法のプログラムが発表されている。これにより，年平均気温，最暖月の平均気温，最寒月の平均気温（CMMT）などの気候パラメータを求めることができる。

3.3.2 共生法

共生法（coexistence approach；CA）は，植物の分類に基づき陸上の気温を推定する方法である（Mosbrugger and Utescher 1997；Uhl *et al*. 2003；Roth-Nebelsick *et al*. 2004）。共生法は，近似現生群（nearest living relatives）を用いた方法であり，化石の分類結果や系統的類縁関係に基づき，現生種と同じ種類，化石種に近縁な現生種（もしくは属，または属以上の高次分類群）について，その分布や生態環境のデータから過去の気候を推定する。

具体的な推定方法は**図 3.16** に示すように，ある地域に共生する複数の化石植物群を決定し，それぞれが対応する現代の植物群を決定する。その植物群の気候条件（気温や降水量）のうち共通の範囲が，当時の気候となる。共生法によれば，**表 3.1** に示すように，気温や降水量に関連した 10 種類の気候パラメータをそれぞれ独立に求めることができる（Mosbrugger and Utescher 1997）。

共生法において最も重要な点は，化石植物群に対する近縁種を正確に同定す

表3.1　共生法により求められる気候パラメータ

記号	内容
MAT	年平均気温
WMT	最暖月の平均気温
CMT	最寒月の平均気温
RH	平均相対湿度
PE	降水量
MAP	年平均降水量
MMaP	最大降雨月の降水量
MMiP	最小降雨月の降水量
MWP	最暖月の平均降水量
AI	乾燥指数（MAP/PE）

ることである。また，化石植物群間に相違があった場合，それが個体差に由来するものなのか，それとも気候条件に由来するものなのかを判断しなければならない。これらを統一的に判断するための植物群，近似現生群，気候パラメータなどを収録したデータベース（PALAEOFLORA）が公開されている（http://www.palaeoflora.de/）。

共生法の概念はきわめて単純であり，これにより推定される年平均気温の解像度も約1度程度とされている（Mosbrugger and Utescher 1997）。

3.4　本章のまとめ

- 古気候の復元には，堆積物や化石などの分析結果から気候パラメータを求めることで，過去の気候変動を間接的に推定するという，いわゆるプロキシの利用が行なわれる。プロキシにより，過去の大気CO_2濃度，海水温，陸上気温などを推定することができる。
- 大気CO_2濃度の推定は，たとえば植物プランクトンや古土壌の炭素同位体比，気孔密度，海底堆積物中のホウ素同位体比などの分析により行なわれる。海水温の推定には，酸素同位体比やMg/Ca比などが利用される。陸上気温は，葉相や植生分布から推定することができる。
- 各プロキシには，その精度や時間分解能などに関して長所と短所がある。それらを理解したうえでプロキシを使い分けることが肝要である。

第4章
新生代の気候変動

新生代は約6500万年の長さを有し，その間にさまざまな時間スケールでの気候変動があった（Zachos *et al.* 2001a）。新生代の気候は，暁新世から始新世までの「氷のない世界（ice-free world）」，すなわち氷床・氷河がほとんど存在しなかった温暖な時代（約6500万年前～約3400万年前）と，漸新世以降の「氷のある世界（ice world）」，すなわち現代のように氷床・氷河が存在する時代（約3400万年前～現代）の大きく2つに分けることができる。一方，短い時間スケール（数万～数十万年）での気候変動もあったことがわかっている。

そこで本章では，新生代の気候変動を時間スケールに基づき2つに分けて説明する。まず4.1節で，百万年単位よりも長い時間スケールで起きた気候変動を，主として新生代の気候変動の概略を説明する。そして4.2節では，より短い時間スケールで起きた気候変動のうち，とくに重要なものについて説明する。

4.1　新生代の気候変動の概要

新生代前期の地球はとても温暖であった。**図4.1**に示すように，暁新世から始新世にかけての海水（有孔虫）の酸素同位体比は低い。したがって，海水温度は高かったと考えられる。陸上の気温もとても高かったことがわかっている（Wolfe 1995）。この理由は，この時期の大気CO_2濃度が高かったことによると考えられている（Berner *et al.* 1983；Bijl *et al.* 2010；Rea *et al.* 1990）。この時期は海洋底の拡大による火成活動が活発であったとされる（Berner *et al.* 1983；Owen and Rea 1985；Kasting and Richardson 1985）。

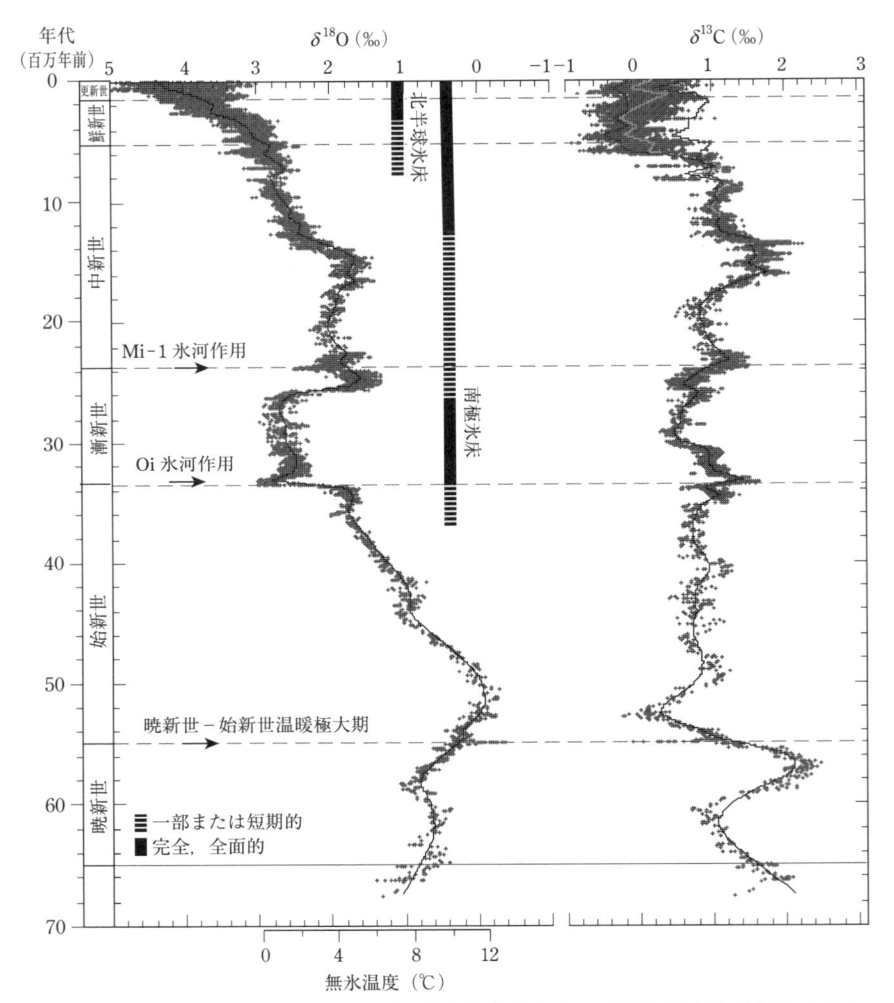

図 4.1　新生代における，底生有孔虫の酸素同位体比（δ^{18}O）および炭素同位体比（δ^{13}C）の変動
（Zachos *et al.* 2001a）

暁新世と始新世の境界期は短期的ながら顕著に温暖だった時期があり，暁新世－始新世温暖極大期 PETM（Paleocene Eocene Thermal Maximum）と呼ばれるが，これについては後述する。また，40 Ma 前後にも短期ではあるが温暖な時期があったことがわかっており（**図 4.2**），この時期には酸素同位体比 δ^{18}O

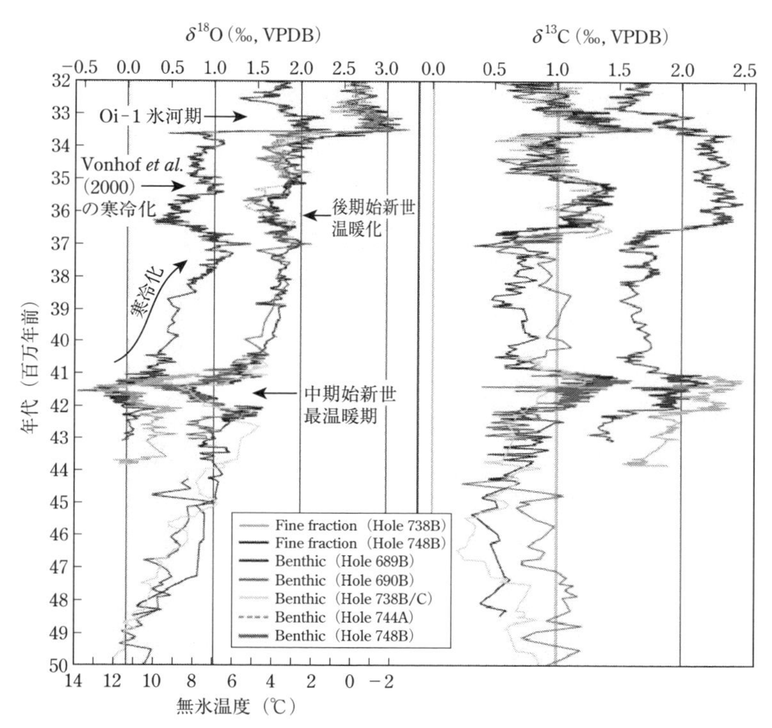

図 4.2　50 ～ 32 Ma にかけての南洋の底生有孔虫の酸素同位体比（Bohaty and Zachos 2003）

が低下し（Bohaty *et al.* 2009；Edgar *et al.* 2010），底生有孔虫の δ^{13}C も大きく変化した（Bohaty *et al.* 2009）。

その後，始新世と漸新世の境界期（約 3400 万年前；Eocene-Oligocene boundary）には，地球が急激に寒冷化した。この時期に南極大陸に大規模な氷床が出現し，地球は氷のない世界（greenhouse world）から氷のある世界（icehouse world）へと大きく変化した。この点は次節で詳しく解説する。

後期漸新世から前期中新世にかけての時代は比較的温暖であり，氷床も全般的に後退した（Miller *et al.* 1987；Kennett and Barker 1990）。図 4.1 の酸素同位体比も比較的小さな値を示しており，当時の海水の温度が安定して高かったことが示唆される。ただ，この時期の気候変動を数万年～数十万年の時間スケールでみた場合，高緯度地域が寒冷化して氷床が形成された時期が何度かあった

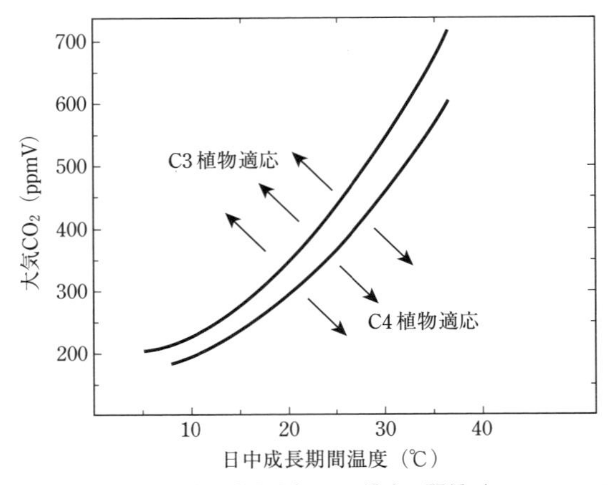

図 4.3　C3，C4 植物の生育温度と大気 CO_2 濃度の関係（Cerling *et al.* 1997）
横軸は成長期の気温，縦軸は大気 CO_2 濃度を示す。

と考えられている（Wright and Miller 1992）。

中新世前期〜中期（17 〜 14.5 Ma）には，数百万年続く温暖期である中新世温暖極大期（Miocene Climatic Optimum）があったものの，その後，中新世後期にかけて再び寒冷化し，西南極大陸や北極圏に氷床が拡大していった。

なお，中新世における寒冷化との関連性で議論されているもののひとつに，C4 植物の進化がある。C4 植物は C3 植物よりも光合成能力が高く，大気 CO_2 濃度が低い環境でも生育が可能なため（**図 4.3**），C4 植物の存在は大気 CO_2 濃度が低かったことを示す間接的証拠となりうる（Cerling *et al.* 1997）。ただ，C4 植物が C3 植物よりも支配的になったとされる中新世よりも前の時代からすでに大気 CO_2 濃度は低くなっていたとの報告があることから（Pagani *et al.* 1999a），C3 植物から C4 植物への変化の直接的な原因は，アンデスやヒマラヤの隆起などのテクトニクスの変化による気候変動であるとの主張もある（Pagani *et al.* 1999b）。

鮮新世の前期および中期（約 4 〜 3 Ma）には，地球は再び温暖期を迎えた。年平均気温は現代よりも高く，中期で 2.5℃（Haywood and Valdes 2004；Haywood *et al.* 2009），前期で 4℃（Brierley *et al.* 2009），現代よりも高く，全球的に温暖であったと考えられている（Kwiek and Ravelo 1991）。鮮新世の温暖期は，地質時代の「地球温暖化」の最近の事例として捉えることができる。

この温暖化の原因としては，低緯度地域から高緯度地域への緯度方向の熱輸送が増加して高緯度地域の氷床量が減少し，氷アルベドフィードバックが変化して温暖化がもたらされたとする考えがある（Dowsett *et al.* 1992；Chandler *et al.* 1994；Crowley 1996）。また，大気 CO_2 濃度が増加したことも有力候補にあげられている（Raymo *et al.* 1996；Pagani *et al.* 2009；Seki *et al.* 2010）。大気 CO_2 濃度の影響について，Pagani *et al.*（2009）は，アルケノンの炭素同位体比分析などに基づき当時の大気 CO_2 濃度を 365 ～ 415 ppm と推定し，これと気温との相関を求めた。これによると，当時は現代に比べて大気 CO_2 濃度の上昇に対する気温の応答が敏感であった。このことは，鮮新世前期ないし中期では，比較的小さい大気 CO_2 濃度の上昇により温暖化が促進されえたことを示唆している。ただ，この時代のプロキシやシミュレーション研究の結果を総合して考えると，鮮新世の温暖化を 1 つのメカニズムだけで説明することは難しく，複合的な要因であったと考えるべきであるとの主張もある（Fedorov *et al.* 2013）。

鮮新世の後期になると，さらに寒冷化が進んだ。この寒冷化は，北半球において氷床が出現し氷河が発達したこと（Northern Hemisphere glaciation；NHG）と関連があると考えられている（Maslin *et al.* 1998）。北半球における氷床の形成そのものは鮮新世よりも前に遡ることができるが（Tripati *et al.* 2008），本格的な氷床の形成はこの時期である。NHG の原因としては，南北アメリカの間が閉じてパナマ地峡が成立した結果（**図 4.4**），熱塩循環の様式が変化して南北間の熱輸送の形態が変化したことがあげられている。また，インドネシア海路が閉じたことにより，海流が変化したことが原因であるという考えもある（Cane and Molnar 2001）。

鮮新世の寒冷化の原因は，NHG 以外もあるとする説がある。たとえば，ヒマラヤ・チベット地域の隆起に伴い風化量が増加して大気 CO_2 濃度が減少したことを原因とする考え（Raymo *et al.* 1988）や，海流の変化による生物ポンプの促進がかかわっているとする考え（Haug *et al.* 1999）もある。

また，氷床の形成と炭素循環の関連性に着目し，大気 CO_2 濃度が低下したことにより北半球に氷床が形成され，気温が低下したという主張もなされてい

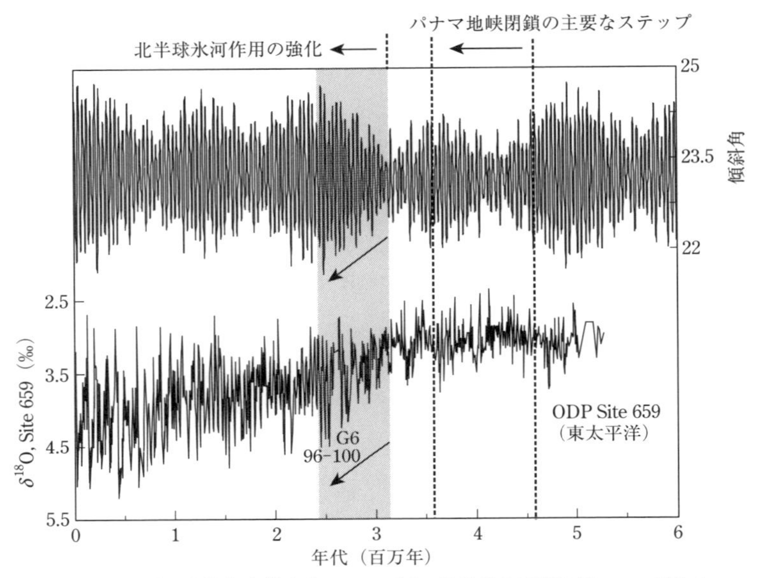

図 4.4　底生有孔虫の酸素同位体比（$\delta^{18}O$）と NHG，パナマ地峡成立の関係（Haug and Tiedemann 1998）
パナマ地峡の成立後 3.1 ～ 2.5 Ma にかけて寒冷化し，その後，NHG が起きた。

る（Maslin *et al.* 1998；Lunt *et al.* 2008；DeConto *et al.* 2008）。DeConto *et al.*（2008）は GCM に基づき，大気 CO_2 濃度が 280 ppm を下回った場合に大規模な氷床の形成が引き起こされることを示した。NHG における氷床量の増減のタイミングは，地球の軌道変化や氷アルベドフィードバックに対応すると指摘している（Jansen *et al.* 2000；DeConto *et al.* 2008）。

新生代は，E/O 境界を機に急激に寒冷化したが，それ以降，現代まで気温（海水温）は低下を続けている（図 4.1 参照）。この理由は，新生代前期から後期にかけて，海洋の循環が，低緯度で高塩分の海水が深層に沈み込み深層水を形成する様式から，高緯度地域で低温深層水が形成され大規模海洋循環を生じる様式に変化していったことに伴う，グローバルな海洋環境の変化や熱輸送システムの変化とされている（Kennett and Stott 1990）。すなわち，前期中新世では，低緯度で生成された TISW（Tethyan Indian saline water）が高緯度地域に熱を供給し比較的温暖な状態としていた。しかし，その後，テチス海が閉じたこと

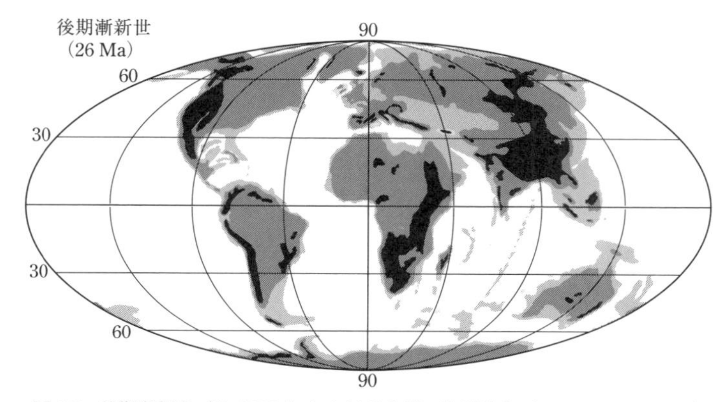

図 4.5　後期漸新世（約 26 Ma）における大陸・海洋分布（Flower *et al*. 1997）
黒域は山岳地帯，暗い灰色は大陸域，明るい灰色は浅海域（1000 m 以下）。大西洋，テチス海，インド洋の間が接続されていることに注意。

により（**図 4.5**），TISW が減退した。これにより，SCW（Southern Component Water）とよばれる低温の低層海水が生成して南極大陸の氷床が発達し，寒冷化がもたらされたとする（Woodruff and Savin 1989；Wright *et al*. 1992；Flower and Kennett 1995）。

一方で，ヒマラヤ・チベット地域の隆起，浸食による風化量の増大によって大気 CO_2 濃度が減少し，これが新生代後期の寒冷化の原因となったともいわれている。いわゆる，「隆起仮説」，「Raymo 仮説」などと呼ばれているものである（Raymo and Ruddiman 1992；Raymo 1994）。

ヒマラヤ・チベット地域の隆起は，インド古大陸とユーラシア大陸の衝突により引き起こされた。この衝突時期には諸説があるものの，一般的には約 5000 万年前（始新世）であると考えられている（Zhu *et al*. 2005）。この後，ヒマラヤの高度は中新世（15 ～ 10 Ma）までには 5 km 程度に達した（Spicer *et al*. 2003；Currie *et al*. 2005；Rowley *et al*. 2001）。一方，チベットプレートは 13.7 ～ 9 Ma に隆起した（Sun *et al*. 2005）。このような一連の隆起により，岩石の露出面積が増大し，珪酸塩の風化量が増加した。その結果，大気 CO_2 が減少し，地球は寒冷化したという考えが隆起仮説である。この説は，地球科学のさまざまな分野から議論をひき起こした。

4.2　短期的な気候変動

新生代の気候は，温暖であり氷のない世界であった前期（約6500万年前～約3400万年前）と，寒冷で氷のある世界となった後期（約3400万年前～現代）とに大きく分けられるが，本節では，これよりもより短い時間スケールで起きた各種の気候変動について述べる。

4.2.1　暁新世／始新世境界

新生代の前期が全般に温暖であったことはすでに述べたが，暁新世－始新世境界（56 Ma前後）の約5～10万年の間はとくに温暖であった（Kennett and Stott 1991）。この温暖期は，暁新世－始新世温暖極大期（Paleocene-Eocene Thermal Maximum；PETM）と呼ばれている。PETMは生物圏に対して大きな影響を与えた。たとえば，哺乳類の動物群が変化し（Gingerich 2003），底生有孔虫の多くは絶滅した（Zachos *et al.* 1993）。

PETMの存在は，数多くの地質学的証拠によって明らかにされており，有孔虫の酸素同位体比変動や炭素同位体比変動によく表われている（**図4.6**）。酸素同位体比によると，高緯度地域における表層および深層海水の温度はそれぞれ現在よりも8～10℃，4～5℃程度高かった（Zachos *et al.* 2003）。かつては低緯度における海水温は現代とそれほど変わらなかったとの報告があったが（Bralower *et al.* 1995；Zachos *et al.* 1996），高緯度地域と同様に高かったとする推定も現われている（Zachos *et al.* 2003；Tripati and Elderfield 2005）。

PETMの原因は，メタンの大量放出による温暖化であると考えられている。この重要な証拠は，海洋および陸上の化石中のδ^{13}Cの顕著な減少（carbon isotope excursion；CIE）である（図4.6参照）。海洋中の炭素同位体比は約2.5‰も減少している。これは，大陸棚に存在するメタンハイドレートが融解したためであるとされ（Dickens *et al.* 1997），現在もっとも有力に唱えられている。メタンは炭素同位体比がとても低く（δ^{13}Cは－60‰程度），また分子レベルでCO_2の約21倍の温室効果を有しているためである。

図4.7は，メタン放出に基づくPETMのメカニズムを説明している（Katz

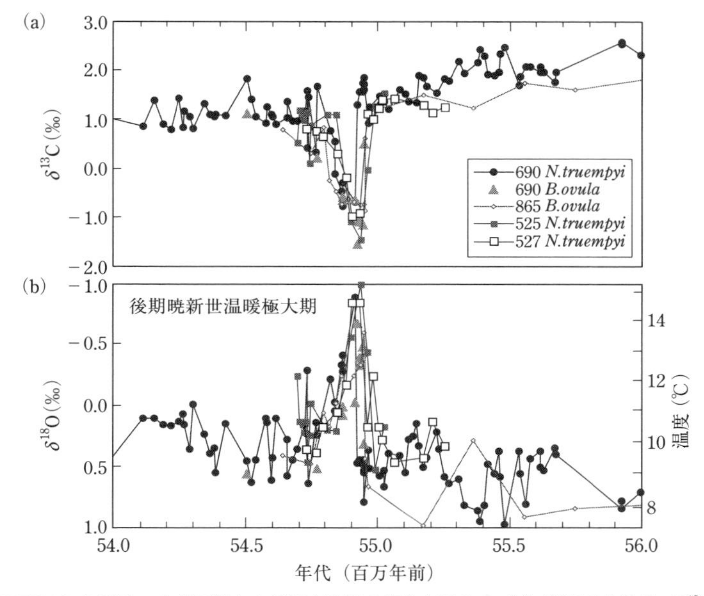

図 4.6　PETM における，南大西洋および東太平洋の底生有孔虫の（a）炭素同位体比（δ^{13}C），および（b）酸素同位体比（δ^{18}O）（Zachos *et al.* 2001a）

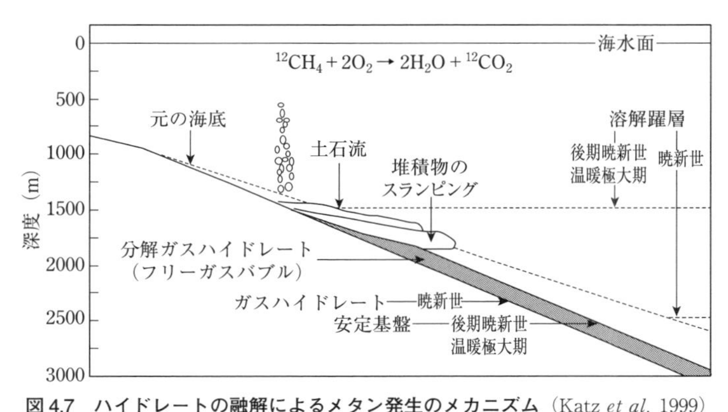

図 4.7　ハイドレートの融解によるメタン発生のメカニズム（Katz *et al.* 1999）

et al. 1999）。PETM 以前のメタンハイドレートは大陸斜面に存在した。その後，暁新世の温暖期が続いたことで中層から深層の海水の温度が上昇し，メタンハイドレートにフリーガスが発生した。これにより深層の間隙圧が上昇して堆積

物を破壊し，大量のメタンが海洋に放出された。実際，PETM には急激に炭酸塩補償深度（CCD）が上昇している（Colosimo *et al.* 2006）。このことは，海洋の炭酸イオン濃度が増加し，海洋が酸性化したことを示唆している。

メタンの大気中への放出量は，$\delta^{13}C$ の変動から，1000 〜 2000 Gt 程度と推定されている（Dickens *et al.* 1997）。このメタンの放出源としては，フロリダ沖の海底（Katz *et al.* 1999），ノルウェー沖の海底（Svensen *et al.* 2004）などが報告されている。また，メタンハイドレートの崩壊のトリガーとして，グリーンランドからグレートブリテンにわたる北大西洋の巨大火成岩岩石区（North Atlantic large igneous provinces）における活発な火成活動が主張されている（Bralower *et al.* 1997；Storey *et al.* 2007）。また，Lourens *et al.*（2005）は，地球の離心率の変動に基づく気候変動がこれらのハイドレートの融解をコントロールしたとしている。

このようなメタン放出説に対しては異論もある。メタンは大気中でただちに酸化されることから，数万年以上は続く PETM の温暖期を持続させることはできないとする。この説は，PETM における $\delta^{13}C$ のシフトはメタン放出ではなく，隕石が衝突したことによると主張する（Kent *et al.* 2003）。

PETM の温暖化は，現代における地球温暖化を考えるうえで有用な情報を提供している。すなわち，もし化石燃料の燃焼によって大気 CO_2 濃度が上昇しつづけ，温暖化が進行していった場合，いずれ，現存するメタンハイドレートの融解を引き起こしてメタンが大量に放出され，温暖化がさらに進行するのではないかというものである。また，$\delta^{13}C$ のシフトから推定される炭素の放出量は約 2000 Gt に達するが，この量は，今世紀に人類が化石燃料などによって放出した量と同等である。このような点から，PETM の発生メカニズムの研究を地球温暖化の予測に活かすことができるのではないかと期待されている。

4.2.2　始新世／漸新世境界

始新世と漸新世の境界期（約 3400 万年前，Eocene-Oligocene boundary，E/O 境界）に，地球は急激に寒冷化した。南極大陸に大規模な氷床が出現し，地球は氷のない世界（ice-free world）から氷のある世界（ice world）へと大きく変化した。たとえば，海洋では特定の種の有孔虫の絶滅が起き（Miller *et al.*

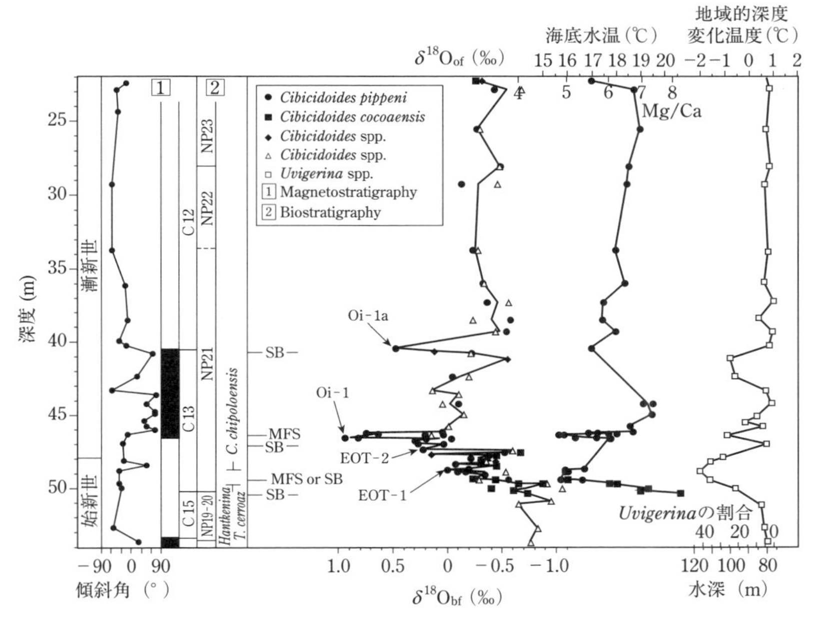

図 4.8　始新世／漸新世境界における酸素同位体比（$\delta^{18}O$），Mg/Ca 比，*Uvigerina* の割合（海水準の指標）の変動（Katz *et al.*, 2008）
“EOT-1” と “EOT-2” が始新世／漸新世境界における酸素同位体比変動を表わす。

1992；Keller *et al.* 1992），陸上では哺乳類のターンオーバーがあった（Hooker *et al.* 2004）。有孔虫の酸素同位体比は 1‰程度上昇し，表層海水温は 4 K 以上低下したと推定されている（Kennett and Shackleton 1976；Miller *et al.* 1987；Zachos *et al.* 1994, 1996）。酸素同位体比の変動の一部は大陸氷床の増大に基づくことから，海水温の変化はもっと小さかったはずであるとの指摘はあるものの（Lear *et al.* 2000），この寒冷化が急激かつ大規模なものであったことはまちがいない。この寒冷化は，始新世－漸新世気候遷移（Eocene-Oligocene climate transition；EOCT）ともよばれている。

EOCT は，新生代の気候変動として最も重要なもののひとつである。Coxall *et al.*（2005）によれば，始新世／漸新世境界の寒冷化の期間はおおよそ 30 万年であり，20 万年ほどの安定期をはさんだ，約 4 万年の 2 ステップの寒冷化からなる。酸素同位体比と Mg/Ca 比を比較して当時の海水温の変動などを検

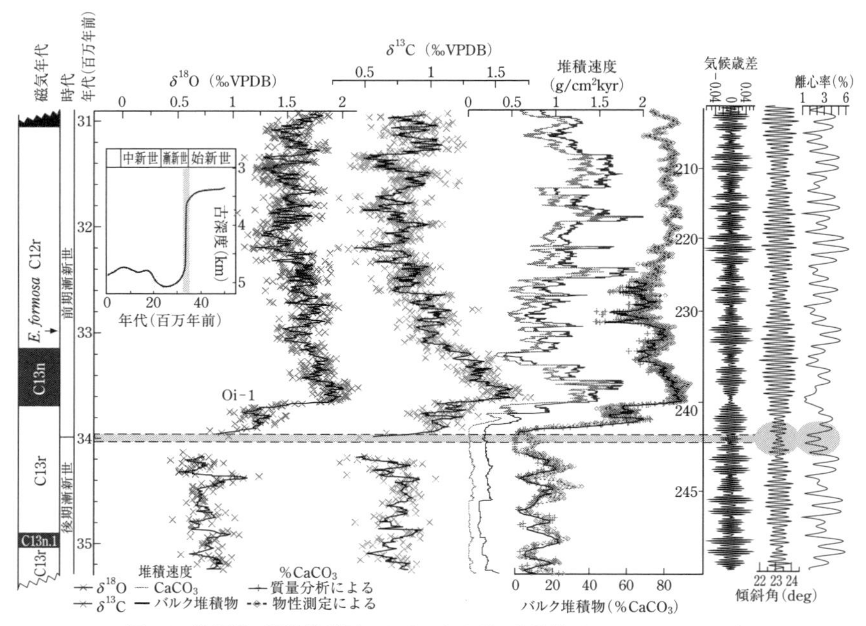

図 4.9　始新世／漸進世境界におけるさまざまな比較（Coxall *et al.* 2005）
底生有孔虫の酸素同位体比（δ^{18}O），炭素同位体比（δ^{13}C），炭酸塩の堆積速度，炭酸塩補償深度（小窓部），軌道強制力（気候歳差，離心率）を示す。

討した研究によれば，この寒冷化は，深層水の温度低下，氷床量の増加と海水準の低下，南極氷床の形成，という3段階のプロセスからなる（**図 4.8**）。

E/O 境界においては，海水中の δ^{13}C の上昇（Zachos *et al.* 1996）や，炭酸塩補償深度（CCD）の低下（van Andel 1975；Coxall *et al.* 2005；Rea and Lyle 2005；Paelike *et al.* 2012）が見られることから（**図 4.9**），これを根拠に EOCT を説明する考えもある。δ^{13}C の上昇は，海水準が低下して，浅海（大陸棚）で沈殿する炭酸塩の割合が遠洋よりも高くなったことによるという。ただ，CCD の変化分を海水準の変動だけで説明することはできないという指摘もある（Pearson *et al.* 2009；Rea and Lyle 2005）。

EOCT の原因としては，テクトニクスの変化に伴う海洋環境の変化があげられている。この時期に，東南極大陸において一気に現代の約半分のサイズの大陸氷床が形成されたと推測されている（Miller *et al.* 1987；Zachos *et al.* 1994）。また，南極ほどの規模ではなかったが，北半球（グリーンランド）にも氷河が存在していた（Eldrett *et al.* 2007）。

南極大陸における氷床の形成は，ドレーク海峡とタスマン海峡の成立と深い関係があるといわれている（**図 4.10**）。このうち，タスマン海峡は，始新世から漸新世にかけてオーストラリア大陸が南極大陸から分離して形成された。タスマン海流は 35.5 ～ 33.5 Ma にかけて発達したと考えられている（Stickley *et al.* 2004）。一方，ドレーク海峡は，南アメリカ大陸が南極大陸から分離して成立したが，その正確な形成年代はよくわかっていない。ドレーク海峡は 37 ～ 36 Ma にかけて形成されたとの推定がある（Salamy and Zachos 1999）。この海流が形成されたのは E/O 境界より前であるが，堆積物が深層の流れを遮っていたため，深層の海流はまだ十分でなかったと考えられる。海流の範囲がいつ深層にまで達し，本格的な深層水を形成したのかは正確にはわかっていないが，E/O 境界期よりやや後（34 ～ 30 Ma）ではないかと推測されている（Lawver and Gahagan 2003；Scher and Martin 2006；Livermore *et al.* 2005；Latimer and Filippelli 2002）。

タスマン海峡とドレーク海峡の成立により南極大陸が孤立し，南極大陸の周囲を循環する海流である環南極海流（Antarctic circumpolar current；ACC）が成立した。環南極海流により，高緯度地域から低緯度地域への海流が減少して輸送熱量が減少し，南極大陸の熱的孤立が引き起こされた。その結果，海氷が形成され，南極に大陸氷床が形成されるようになったというシナリオが提案されている（Kennett 1977）。そして，この氷床の形成により，地球の広い範囲にわたって海洋循環，熱・水蒸気輸送システムの変化が生じ，地球規模の寒冷化が引き起こされたという（Pagani *et al.* 1999a）。

また近年では，大気 CO_2 濃度の変動との関連性が指摘されている。DeConto and Pollard（2003）は，E/O 境界前後の南極周辺の環境を再現するシミュレーションを行なった。それによると，ドレーク海峡が成立し海流が変化しても，それだけでは南極氷床は形成されないが，大気 CO_2 濃度が低下して，ある閾値（産業革命前の CO_2 濃度の約 3 倍）を下回ると，氷床の高さ／質量バランスフィードバック（Birchfield *et al.* 1982；Abe-Ouchi and Blatter 1993；Maqueda

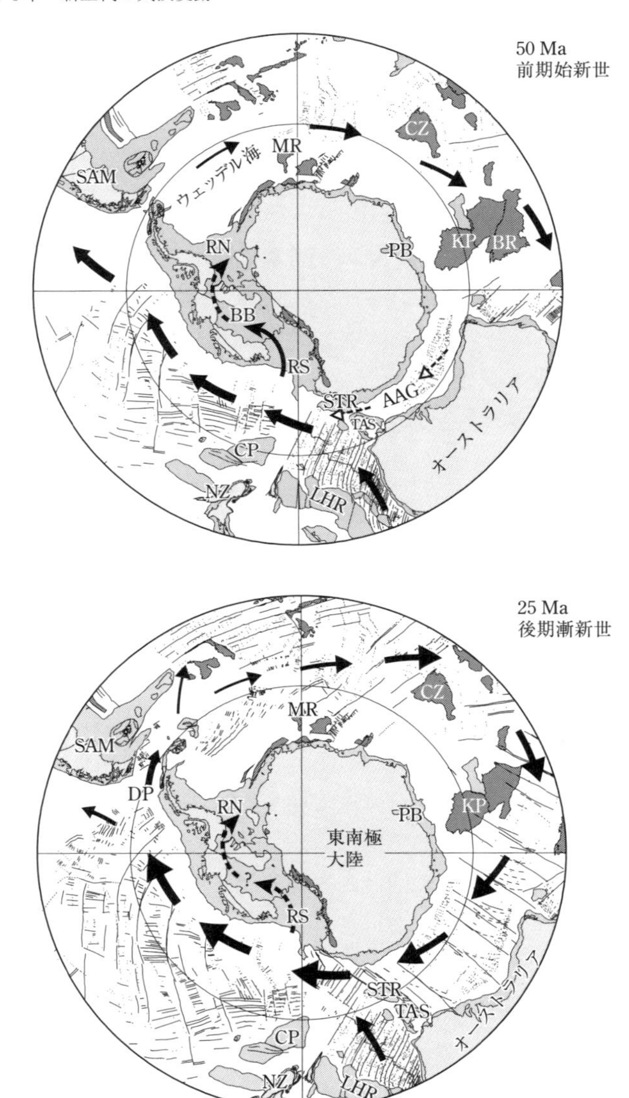

図 4.10　タスマン海路，ドレーク海峡の成立による環南極海流の形成（Lawver and Gahagan 2003）
上図が成立前（前期始新世，50 Ma），下図が成立後（後期漸進世，25 Ma）を示す。

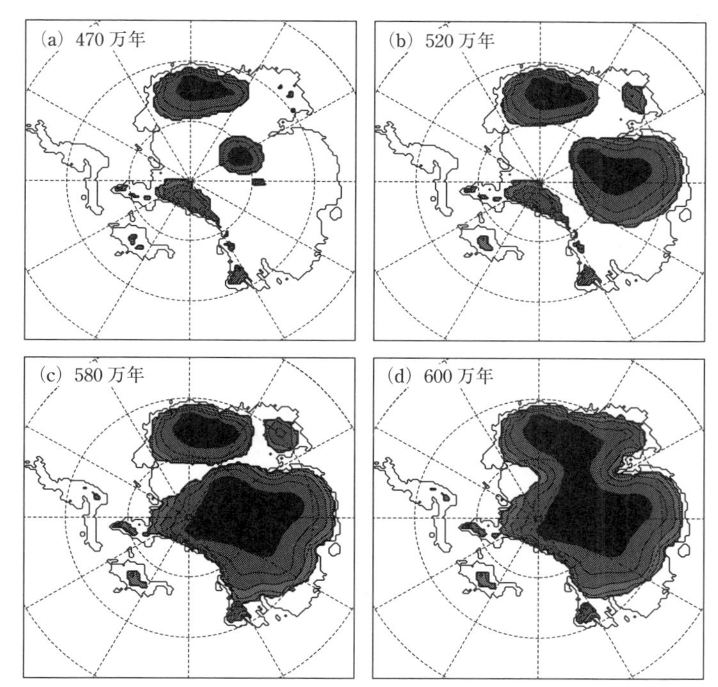

図 4.11 GCM モデルにより計算された始新世／漸新世境界における南極氷床の進化
(DeConto and Pollard 2003 を修正)
無氷状態から始まり，(a) pCO_2 が現代値の 3 倍を下回る 470 万年後に小さな氷冠が出現すると，(b) 520 万年後には巨大な氷床が形成され，(c) 580 万年後にはさらに拡大し，(d) 600 万年後には大陸規模の氷床が形成される。

et al. 1998）により短期間で大規模な氷冠が形成される（**図 4.11**）。また，Royer (2006) も，大気 CO_2 濃度がおおよそ約 500 ppm を下回ると，大陸氷床が発達するとの試算をしている。両者は，大気 CO_2 濃度の閾値が異なるものの，提唱する基本的なメカニズムは同様である。近年では，EOCT の直接のトリガーは大気 CO_2 濃度の変化ではないかとの指摘がなされている。

4.2.3 漸新世／中新世境界

漸新世から中新世前期にかけて，氷河は発達と後退を繰り返した（Wright and Miller 1992)。とくに，漸新世／中新世境界（O/M 境界）には，東南極氷

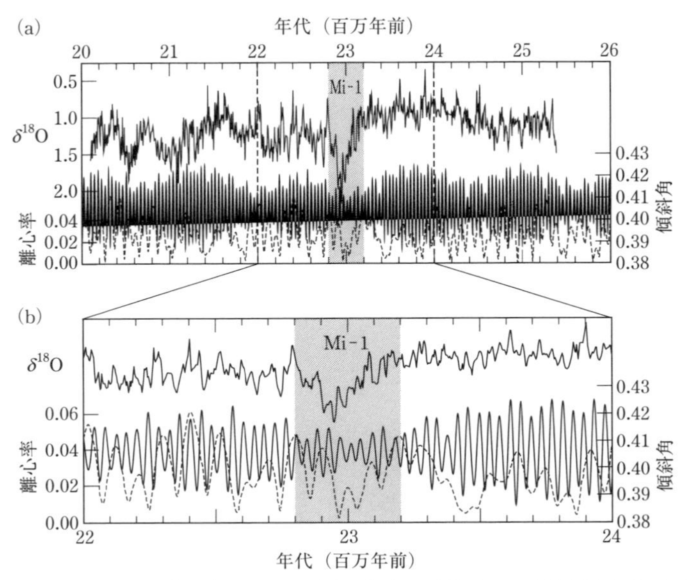

図 4.12　漸新世／中新世境界（Mi-1）における酸素同位体比（δ^{18}O）と，軌道強制力（離心率，傾斜角）との対応（Zachos *et al.* 2001b）

床（East Antarctic ice sheet；EAIS）が大規模に発達した。また，環南極海流（ACC）も発達し（Pfuhl and McCave 2005），これらにより寒冷化が引き起こされたと考えられている（**図 4.12**）。この時期に海水準は 50 m 低下したと推定される（Naish *et al.* 2001）。また，この時期には底生有孔虫の酸素同位体比は約1‰上昇した（Miller *et al.* 1991；Zachos *et al.* 2001a；Zachos *et al.* 2001b）。

O/M 境界の寒冷化は，タスマン海峡やドレーク海峡の成立により環南極海流が形成され，これにより南極海が冷却され，南極氷床が形成されたことが原因であるとされている（Shackleton and Kennett 1975）。ただ，海水温の変化だけでは氷床は形成されないとの指摘があり（DeConto and Pollard 2003；Huber *et al.* 2004），この時期の氷床の形成と南極海の水温低下の関係については必ずしも明らかではない。南極大陸周辺の GCM に基づく研究によれば，南極海の水温低下が氷床を形成したのではなく，むしろ氷床の形成が南極海を冷却させ，これにより大気 CO_2 濃度が低下したのではないかとされている（DeConto *et al.* 2007；Wilson *et al.* 2009）。

O/M 境界の寒冷化は，生物ポンプのメカニズムと関係しているとの説がある（Zachos *et al.* 1997；Diester-Haass *et al.* 2011）。底生有孔虫の δ^{18}O および δ^{13}C の分析によれば，この時期における有機物の海底への埋没量の増加が認められ，これにより有機炭素が固定されて，大気 CO_2 濃度が低下したとされる。また，Mg/Ca, Li/Ca, U/Ca 比に基づく研究からも，埋没量の増加が示唆され，この有機物の埋没量や氷床の消長，海水温の変動は軌道強制力の変化と同調していることがわかっている（Mawbey and Lear 2013）。

4.2.4　前期中新世

前期～中期中新世（17 ～ 14.5 Ma）に全世界的にきわめて温暖な時期があったことが知られており，これは中新世温暖極大期（Miocene Climatic Optimum；MCO）と称される（Flower 1999）。この時期の南極氷床のサイズは，現代の 10 ～ 25% 程度まで減少した（de Boer *et al.* 2010）。また，中緯度地域が温暖であったことが，植生の分布（White *et al.* 1997；Utescher *et al.* 2000）や，葉の形態的特徴（Wolfe 1995）から示されている。また，中央ヨーロッパにおける外温性脊椎動物の分布から推定される気温は，年平均で少なくとも 17.4℃あり，季節変化も小さかった（Böhme 2003；Utescher *et al.* 2000）。

MCO における大気 CO_2 濃度は，気孔密度による推定（Royer *et al.* 2001）では 350 ～ 450 ppm，アルケノンによる推定（Pagani *et al.* 1999a）では 180 ～ 290 ppm と高くないことから，当時の海洋底層水の温度が高かったこと（Wright and Miller 1992）に着目し，MCO の原因を海洋環境の変化に求める説がある。たとえば，南極氷床が一時的に後退してアルベドが変化した結果，地球の温度分布に変動を生じたとする（Pagani *et al.* 1999a）。

ただ，MCO は，環太平洋火山帯における火成活動が活発であった時期にあたる（Kennett *et al.* 1977）。そこで，MCO の原因は，この火成活動に伴う大気 CO_2 濃度の上昇であるとする説も有力である。とくに，コロンビア川洪水玄武岩地域における火成活動の寄与が大きいとの主張がなされている（Coffin and Eldholm 1993；Camp 1995；Hooper 1997；Hooper *et al.* 2002）。日本付近でもマントルプルームの活動が盛んであり（Dúdas *et al.* 1983），背弧海での火成活動も

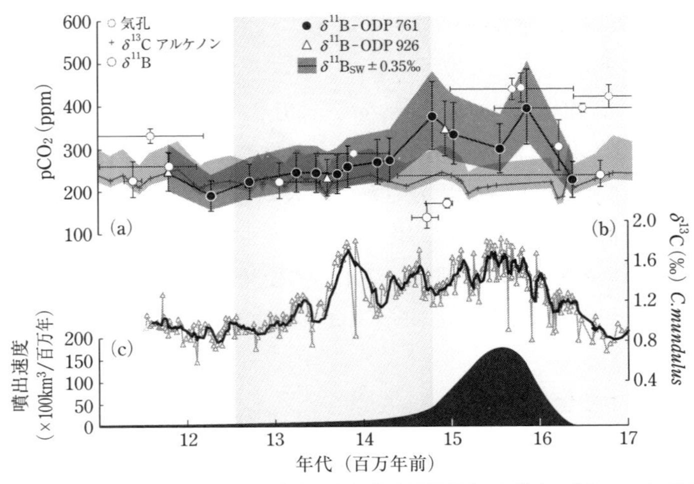

図 4.13　中新世における，(a) 大気 CO_2 濃度，(b) 炭素同位体比 (δ^{13}C)，(c) コロンビア洪水玄武岩の噴出量の変動（Foster *et al.* 2012）

活発であった（Otofuji and Matsuda 1983；Otofuji and Matsuda 1987）。この背弧海盆からの熱水フラックスも MCO における温暖化に寄与したとされる（鹿園 1998）。当時の熱水フラックスを熱水中の海水循環速度から推定すると 0.75 ～ 7 × 10^{18} mol/kg・H_2O であり，現代の背弧海盆からのフラックス（0.2 ～ 6.0 × 10^{18} mol/Ma）や，現代の中央海嶺からのフラックス（0.4 ～ 9 × 10^{18} mol/Ma）に匹敵する（鹿園 1998；Shikazono 1998）。

前述のアルケノンや気孔密度による推定では，MCO の大気 CO_2 濃度は高くないが（Pagani *et al.* 1999a；Royer *et al.* 2001），この時期の大気 CO_2 濃度の推定値にはばらつきが大きい傾向がある。古土壌に基づく推定（Cerling 1991）によると，MCO における大気 CO_2 濃度は 700 ppm である。また，最近のホウ素同位体比による大気 CO_2 濃度の推定（Foster *et al.* 2012）では，大気 CO_2 濃度は MCO において明らかにピークを有している（**図 4.13**）。GCM によるモデリングも，大気 CO_2 濃度を 460 ～ 580 ppm と推定している（You *et al.* 2009）。また，近年の気孔密度に基づく大気 CO_2 濃度の推定でも 650 ～ 700 ppm（Kürschner *et al.* 2008）となっており，大気 CO_2 濃度が高いとする報告は少なくない。

4.2.5 中期中新世

中期中新世（15 Ma ごろ）に，南極氷床が拡大し，寒冷化が急に進行した時期がある。この寒冷化は，中期中新世寒冷化遷移（Middle Miocene climate transition；MMCT）ともいわれ，有孔虫の酸素同位体比の変動によく表われている（図 4.1 参照）。底生有孔虫の酸素同位体比は，この時期に約 1‰上昇した（Shackleton and Kennett 1975；Flower and Kennett 1993；Miller *et al.* 1987）。

この中期中新世の寒冷化の原因としては，海洋環境の変化であるという考えと，大気 CO_2 濃度が関係しているという説がある。前者は，中期中新世における酸素同位体比の上昇は東南極氷床（East Antarctic Ice Sheets；EAIS）の大規模な発達と海洋深層水の温度低下を表わしており，これにより海洋循環の変化と熱輸送システムの変化がもたされたとする（Flower and Kennett 1994；Wright and Miller 1996；Miller *et al.* 2005）。すなわち，前期中新世まで，テチス海からインド洋へと流れ込む，暖かく高塩分の海水（Tethyan Indian saline water；TISW）が深層に沈み込んで南極海に流れ，高緯度地域で上昇することでこれが高緯度に熱を供給し，高緯度地域を比較的温暖に保っていた。しかし，中期中新世になるとテチス海が閉じて TISW が消失し，高緯度方向への熱輸送が減少したことで，Southern component water（SCW）とよばれる低温の低層海水（現代における南極底層水，Antarctic bottom water；AABW に相当）が生成されるようになった（Shackleton and Kennett 1975）。これにより EAIS が発達し，寒冷化がもたらされたとする（Woodruff and Savin 1989；Wright *et al.* 1992；Flower and Kennett 1995）。ただ，EAIS の形成の具体的なプロセスについては，南方への熱輸送の減少（Woodruff and Savin 1989；Flower and Kennett 1994, 1995），ACC の促進（Flower and Kennett 1995），現代の北大西洋深層水（North Atlantic deep water；NADW）の前身の海流である Northern component water（NCW）が形成されて高緯度方向への熱輸送が増大し，南極大陸での降水量の増加がもたらされた（Schnitker 1980；Wright *et al.* 1992），といったさまざまな仮説があるが，詳しいことはよくわかっていない。

中期中新世の地質学的イベントとして，北米モンテレー層における炭素同位体比（$\delta^{13}C$）が顕著に上昇したとの報告がある（**図 4.14**）。炭素同位体比の上昇は，有機炭素の大量の埋没・固定を示唆しているとして，MMCT は大気

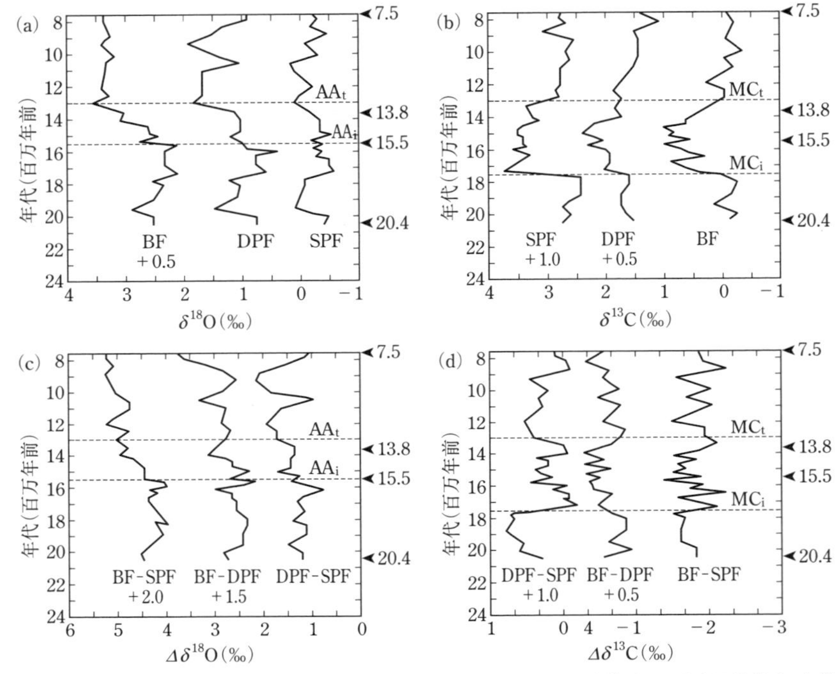

図4.14　北米カリフォルニアのモンテレー層における炭素同位体比（δ^{13}C）と酸素同位体比（δ^{18}O）の変動（Vincent and Berger 1985）

CO_2濃度の減少が原因であるとする説がある（モンテレー仮説。Vincent and Berger 1985；Hodell and Woodruff 1994）。これは，同時期に炭酸塩補償深度（carbonate compensation depth；CCD）が深くなったこと（van Andel 1975）と調和的である。

ただ，炭素同位体比δ^{13}Cの上昇開始時期（約17 Ma）と，酸素同位体比の低下時期（約14 Ma）に多少のタイムラグがある。そこで，MMCTの原因を風化量の増加に求める考えもある（Hodell and Woodruff 1994；Grard *et al.* 2005；Foster *et al.* 2012）。すなわち，MCOにおけるコロンビア川洪水玄武岩地域の火成活動の終息後，玄武岩の風化により大気CO_2が減少して中期中新世の寒冷化が起きたとしている（図4.13参照）。これは，海水Sr同位体比の上昇速度が中期中新世に低下していること（第5章の図5.3参照）を理由とする。

すなわち，火成活動の結果形成された，Sr 同位体比が低いコロンビア川洪水玄武岩が大量に風化することで，海水 Sr 同位体比の上昇が抑制されたというものである（Taylor and Lasaga 1999）。

このような，大気 CO_2 濃度の変動を中期中新世の寒冷化の原因とする考えは，氷床の形成と寒冷化を結びつける前述の考えと矛盾するわけではない。実際，中期中新世における $\delta^{13}C$ の変動は，軌道強制力［4.1 万年周期の傾斜角の変動（obliquity）や 12 万年周期の離心率の変動（eccentricity）］のパターンと一致していることから，軌道変化が中期中新世の寒冷化のリズムや氷床の形成をコントロールしたことは十分に考えられる（Holbourn *et al.* 2007；Deconto *et al.* 2007）。一方で，大気 CO_2 濃度の変化が中期中新世の寒冷化の引き金になった可能性も高いといえる。両者の因果関係は必ずしも明らかになっているとはいえず，今後さらに検討すべき分野である。

4.3　本章のまとめ

- 新生代の気候は，氷床が存在しない温暖な気候であった暁新世－始新世（新生代前期）と，氷床が形成され寒冷な気候となった漸新世－現代までの時代（新生代後期）とに分けることができる。両者の境界期（E/O 境界）には，南極大陸に大規模な氷床が形成され，寒冷化が促進された（EOCT）。氷床の形成は，海洋環境の変化のほか，大気 CO_2 濃度の変動も引き金になったと考えられている。
- 新生代前期は大気 CO_2 濃度が高く，これが温暖な気候の原因と推測されている。暁新世と始新世の境界期には，PETM（暁新世－始新世境界温暖期）と称される短期的かつ顕著な温暖期があり，これは大気中のメタン濃度が上昇したためと考えられている。
- 新生代後期は全体として現代に向かって寒冷化していった。これを全体として支配した要因については，大陸移動に伴う海洋環境の変化であるとする考えと，大気 CO_2 濃度が減少していったためとする考えとがある。
- 新生代後期に特徴的な気候変動として，前期中新世から始まった MCO（中新世温暖極大期）と称される温暖期があり，この原因は，大気 CO_2 濃度が上昇したためとの説が有力である。また，鮮新世前期にも温暖な時期があり，これも大気 CO_2 濃度の上昇がかかわっていると考えられている。

- 中期中新世には急激な寒冷化（MMCT）があり，氷床の拡大や海洋環境の変化とともに，大気 CO_2 濃度の変動との関連性が指摘されている。

第5章
新生代の気候変動を復元する地球化学モデル

新生代は，第4章で述べたように，氷のない世界から氷のある世界へと地球表層環境が大きく転換した寒冷化の時代である。この寒冷化に炭素循環がどのように関与しているかについてはさまざまな議論がある。第4章で説明したのはおもにプロキシに基づく議論であったが，第2章で説明したグローバル炭素循環モデル〔BLAGモデル（Berner *et al.* 1983），GEOCARBモデル（Berner 1991, 1994；Berner and Kothavala 2001）〕でも，もちろん議論は可能である。しかし，これらのモデルは，おもに中生代以前の気候変動を対象としているため，維管束植物の風化量への影響や，二畳紀－石炭紀の寒冷化は検討されているが，新生代後期の寒冷化など新生代の気候変動はあまり議論されていない。また，中新世温暖極大期（Miocene Climatic Optimum；MCO）の検討もない。漸新世後期～中新世後期における温暖期についても同様である。

そこで本章では，新生代の気候変動の検討に特化した2つの地球化学モデルを構築し，解説する。まず1つめは，グローバル炭素循環モデルである。もう1つは，グローバル炭素循環モデルの結果を利用した，Sr（ストロンチウム）に関するモデルである。

5.1　グローバル炭素循環モデル

新生代のグローバル炭素循環システムを**図5.1**に示す。この炭素循環システムは，地殻，大気－海洋系，マントルからなる。また，脱ガス（火成作用－変成作用）は，中央海嶺からの脱ガス，背弧海盆からの脱ガス，ホットスポットからの脱ガス，沈み込み帯（島弧）からの脱ガスの4種類に分けられる。風化

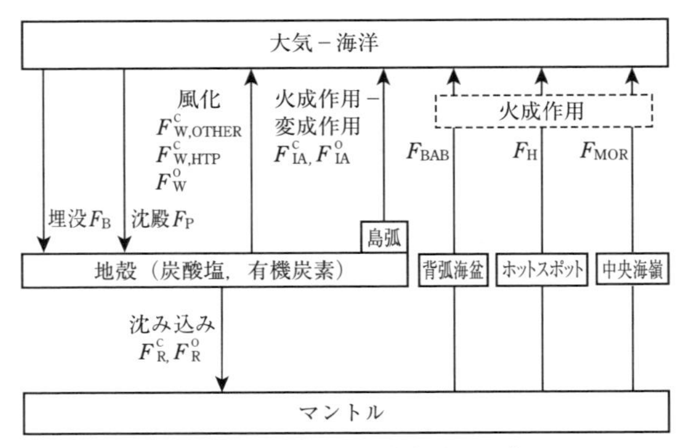

図 5.1　新生代におけるグローバル炭素循環モデルのシステム
（Kashiwagi and Shikazono 2003 を修正）

については，ヒマラヤ・チベット地域の風化と，それ以外の地域の風化に分ける。また，炭酸塩の沈殿，有機物の埋没，有機物の酸化的風化，マントルへの沈み込みを考慮する。以下，このシステムに基づくグローバル炭素循環モデルについて説明する。

5.1.1　リザーバーとマスバランス

図 5.1 に示したグローバル炭素循環システムにおいて，地殻における炭酸塩・有機炭素のマスバランスはそれぞれ次のように表わすことができる（Kashiwagi and Shikazono 2003；Kashiwagi *et al.* 2008）。

$$\frac{d}{dt}M^{C}(t) = F^{C}_{W} - F^{C}_{IA} - F^{C}_{R} + F_{P} \tag{5-1}$$

$$\frac{d}{dt}M^{O}(t) = F^{O}_{W} - F^{O}_{IA} - F^{O}_{R} + F_{B} \tag{5-2}$$

ここで，M^{C} は地殻における炭酸塩の炭素の物質量，F^{C}_{W} は炭酸塩の風化フラックス，F^{C}_{IA} は沈み込み帯（とくに島弧）における火成作用－変成作用に基づく炭酸塩からの脱ガスフラックス，F^{C}_{R} は沈み込み帯からマントルに沈み込む炭酸塩のフラックス，F_{P} は炭酸塩の沈殿フラックス，M^{O} は地殻における有機炭素の物質量，$F_{\mathrm{W}}^{\mathrm{O}}$は有機炭素の風化（酸化的風化）のフラックス，$F_{\mathrm{IA}}^{\mathrm{O}}$は沈み込み帯（とくに島弧）における有機炭素の脱ガスフラックス，$F_{\mathrm{R}}^{\mathrm{O}}$は沈み込み帯からマントルに沈み込む有機炭素のフラックス，F_{B}は海洋における有機炭素の埋没フラックスである。

次に，大気－海洋における炭素のマスバランス式は次のように表わされる。

$$\frac{d}{dt}M^{\mathrm{AO}}(t) = F_{\mathrm{W}}^{\mathrm{C}} + F_{\mathrm{W}}^{\mathrm{O}} + F_{\mathrm{IA}}^{\mathrm{C}} + F_{\mathrm{IA}}^{\mathrm{O}} + F_{\mathrm{MOR}} + F_{\mathrm{BAB}} + F_{\mathrm{H}} - F_{\mathrm{P}} - F_{\mathrm{B}} = 0 \tag{5-3}$$

ここで，M^{AO}は大気－海洋における炭素の物質量，F_{MOR}は中央海嶺からの脱ガスフラックス，F_{BAB}は背弧海盆から脱ガスフラックス，F_{H}はホットスポットからの脱ガスフラックスである。なお，式（5-3）でリザーバーが定常状態（$M^{\mathrm{AO}}(t) = 0$）となっているのは，大気－海洋における炭素の滞留時間は短く（10^4年以下。Berner and Canfield 1987），また岩石圏と比べて大気－海洋の炭素の保持量がとても少ないためである（Kump and Garrels 1986；Lasaga 1989）。

次に，地殻における炭酸塩および有機炭素の炭素同位体比（δ^{13}C）のマスバランスは次式で表わされる。

$$\frac{d}{dt}\delta^{\mathrm{C}}(t)M^{\mathrm{C}}(t) = -\delta^{\mathrm{C}}(t)(F_{\mathrm{W}}^{\mathrm{C}} + F_{\mathrm{IA}}^{\mathrm{C}} + F_{\mathrm{R}}^{\mathrm{C}}) + \delta^{\mathrm{AO}}(t)F_{\mathrm{P}} \tag{5-4}$$

$$\frac{d}{dt}\delta^{\mathrm{O}}(t)M^{\mathrm{O}}(t) = -\delta^{\mathrm{O}}(t)(F_{\mathrm{W}}^{\mathrm{O}} + F_{\mathrm{IA}}^{\mathrm{O}} + F_{\mathrm{R}}^{\mathrm{O}}) + (\delta^{\mathrm{AO}}(t) - \Delta)F_{\mathrm{B}} \tag{5-5}$$

ここで，δ^{C}は炭酸塩の炭素同位体比（δ^{13}C），δ^{AO}は大気－海洋系における炭素同位体比（Veizer *et al.* 1999），δ^{O}は有機炭素の炭素同位体比，Δは同位体分別（Hayes *et al.* 1999）である。

大気－海洋におけるδ^{13}Cのマスバランスは次のようになる。

$$\frac{d}{dt}\delta^{\mathrm{AO}}(t)M^{\mathrm{AO}}(t) = \delta^{\mathrm{C}}(t)(F_{\mathrm{W}}^{\mathrm{C}} + F_{\mathrm{IA}}^{\mathrm{C}}) + \delta^{\mathrm{O}}(t)(F_{\mathrm{W}}^{\mathrm{O}} + F_{\mathrm{IA}}^{\mathrm{O}}) + \delta^{\mathrm{M}}(t)(F_{\mathrm{MOR}} + F_{\mathrm{BAB}} + F_{\mathrm{H}}) - \delta^{\mathrm{AO}}(t)F_{\mathrm{P}} - (\delta^{\mathrm{AO}}(t) - \Delta)F_{\mathrm{B}} = 0 \tag{5-6}$$

ここで，δ^{M}はマントルの炭素同位体比（δ^{13}C）である。

海洋におけるカルシウム－マグネシウムのマスバランスは，定常状態を仮定して次式で表わす。

$$\frac{d}{dt}M^{\mathrm{Ca}}(t) = (F_{\mathrm{W}}^{\mathrm{S}} + F_{\mathrm{W}}^{\mathrm{C}} - F_{\mathrm{P}}) = 0 \tag{5-7}$$

式（5-7）における珪酸塩の風化フラックス $F_{\mathrm{W}}^{\mathrm{S}}$ は，以下のように3種類の岩石の風化に分ける。

$$F_{\mathrm{W}}^{\mathrm{S}} = F_{\mathrm{W}}^{\mathrm{VOL}} + F_{\mathrm{W,HTP}}^{\mathrm{S}} + F_{\mathrm{W,OTHER}}^{\mathrm{S}} \tag{5-8}$$

ここで，$F_{\mathrm{W}}^{\mathrm{VOL}}$ は火山岩地域の風化フラックス，$F_{\mathrm{W,HTP}}^{\mathrm{S}}$ はヒマラヤ・チベット地域における珪酸塩の風化フラックス，$F_{\mathrm{W,OTHER}}^{\mathrm{S}}$ はそれ以外の地域の珪酸塩の風化フラックスである。式（5-8）に示すように，火山岩地域の風化フラックスは，他の珪酸塩鉱物のフラックスとは分離されている。火山岩には，2万年程度で完全に風化する輝石や長石といった反応性の高い鉱物が多く含まれており（Louvat and Allègre 1997；Vitousek *et al.* 1997），また火山地帯の地下水や河川中のシリカ濃度，HCO_3^- 濃度は高いので，風化反応が促進されやすい（Aiuppa *et al.* 2000）。実際，火山岩の風化フラックスは，大陸の珪酸塩の風化のうち25%を占めるとする推定がある（Louvat 1997；Louvat and Allègre 1997；Gaillardet *et al.* 1999）。このように，火山岩の風化速度は他の結晶質珪酸塩の風化速度に比べてとくに速いため，両者は別々の項で表わされている。

以上に説明したリザーバー，炭素同位体比，フラックスの一覧を**表5.1**と**表5.2**に示す。

表5.1　リザーバーと炭素同位体比の一覧

記号	内容
M^{C}	炭酸塩の物質量
M^{O}	有機炭素の物質量
M^{AO}	大気－海洋系の炭素の物質量
M^{Ca}	海洋中のカルシウムの物質量
δ^{C}	炭酸塩の δ^{13}C
δ^{O}	有機炭素の δ^{13}C
δ^{AO}	大気－海洋系の炭素の δ^{13}C（Veizer *et al.* 1999）
δ^{M}	マントルの炭素の δ^{13}C
Δ	同位体分別（Hayes *et al.* 1999）

表 5.2 フラックスの一覧

記号	内容
$F_{\mathrm{W}}^{\mathrm{S}}$	珪酸塩の風化フラックス
$F_{\mathrm{W}}^{\mathrm{VOL}}$	火山岩地域の珪酸塩の風化フラックス
$F_{\mathrm{W,HTP}}^{\mathrm{S}}$	ヒマラヤ・チベット地域の珪酸塩の風化フラックス
$F_{\mathrm{W,HTP}}^{\mathrm{C}}$	ヒマラヤ・チベット地域の炭酸塩の風化フラックス
$F_{\mathrm{W,OTHER}}^{\mathrm{S}}$	火山岩地域，ヒマラヤ・チベット地域以外の珪酸塩の風化フラックス
$F_{\mathrm{W}}^{\mathrm{C}}$	炭酸塩の風化フラックス
$F_{\mathrm{W}}^{\mathrm{O}}$	有機炭素の風化フラックス
F_{B}	有機炭素の埋没フラックス
F_{P}	炭酸塩の沈殿フラックス
$F_{\mathrm{R}}^{\mathrm{C}}$	炭酸塩のマントルへの沈み込みフラックス
$F_{\mathrm{R}}^{\mathrm{O}}$	有機炭素のマントルへの沈み込みフラックス
$F_{\mathrm{IA}}^{\mathrm{C}}$	炭酸塩の沈み込み帯からの脱フラックス
$F_{\mathrm{IA}}^{\mathrm{O}}$	有機炭素の沈み込み帯からの脱フラックス
F_{MOR}	中央海嶺からの脱ガスフラックス
F_{H}	ホットスポットからの脱ガスフラックス
F_{BAB}	背弧海盆からの脱ガスフラックス

5.1.2 フラックス

各リザーバーにおけるフラックスは次式で表わされる（Kashiwagi *et al.* 2008）。

$$F_{\mathrm{W}}^{\mathrm{C}} = (k_{\mathrm{W}}^{\mathrm{C}}(f_{\mathrm{BB}}\, f_{\mathrm{LA}}\, f_{\mathrm{AD}} + P_{\mathrm{CHTP}}))\, M^{\mathrm{C}}(t) \tag{5-9}$$

$$F_{\mathrm{W}}^{\mathrm{O}} = k_{\mathrm{W}}^{\mathrm{O}}\, f_{\mathrm{AD}} M^{\mathrm{O}}(t) \tag{5-10}$$

$$F_{\mathrm{W,OTHER}}^{\mathrm{S}} = f_{\mathrm{AD}}{}^{0.65}\, f_{\mathrm{B}}\, F_{\mathrm{W,OTHER}}^{\mathrm{S*}} \tag{5-11}$$

$$F_{\mathrm{W}}^{\mathrm{VOL}} = f_{\mathrm{V}}\, f_{\mathrm{B}}\, F_{\mathrm{W}}^{\mathrm{VOL*}} \tag{5-12}$$

$$F_{\mathrm{W,HTP}}^{\mathrm{S}} = f_{\mathrm{R}}{}^{0.44}\, F_{\mathrm{W,HTP}}^{\mathrm{S*}} \tag{5-13}$$

$$F_{\mathrm{H}} = f_{\mathrm{H}}\, F_{\mathrm{H}}{}^{*} \tag{5-14}$$

$$F_{\mathrm{MOR}} = f_{\mathrm{SR}}\, F_{\mathrm{MOR}}{}^{*} \tag{5-15}$$

$$F_{\mathrm{IA}}^{\mathrm{C}} = k_{\mathrm{IA}}^{\mathrm{C}}\, f_{\mathrm{SUB}}\, M^{\mathrm{C}}(t) \tag{5-16}$$

$$F_{\mathrm{IA}}^{\mathrm{O}} = k_{\mathrm{IA}}^{\mathrm{O}}\, f_{\mathrm{SUB}}\, M^{\mathrm{O}}(t) \tag{5-17}$$

$$F_{\mathrm{R}}^{\mathrm{C}} = k_{\mathrm{R}}^{\mathrm{C}}\, f_{\mathrm{SUB}}\, f_{\mathrm{C}}\, M^{\mathrm{C}}(t) \tag{5-18}$$

$$F_{\mathrm{R}}^{\mathrm{O}} = k_{\mathrm{R}}^{\mathrm{O}}\, f_{\mathrm{SUB}}\, M^{\mathrm{O}}(t) \tag{5-19}$$

$$F_{\mathrm{BAB}} = f_{\mathrm{BAB}}\, F_{\mathrm{BAB}}{}^{*} \tag{5-20}$$

$$f_{BB} = (1 + 0.087\Delta T)\left(\frac{2RCO_2}{1 + RCO_2}\right)^{0.4} \quad (5\text{-}21)$$

$$f_B = \exp(0.09\Delta T)(1 + RUN\Delta T)^{0.65}\left(\frac{2RCO_2}{1 + RCO_2}\right)^{0.4} \quad (5\text{-}22)$$

$$\Delta T = 815.17 + (4.895 \times 10^7)T_S^{-2} - (3.9787 \times 10^5)T_S^{-1} - 6.7084\psi^{-2} + 73.221\psi^{-1} - 30.882T^{-1}\psi^{-1} \quad (5\text{-}23)$$

$$a = 1.4981 - 0.0065979T_S + (8.567 \times 10^{-6})T_S^2 \quad (5\text{-}24)$$

$$T_S = T_{eff} + \Delta T \quad (5\text{-}25)$$

$$S(t) = (1 - 0.38t/4.55)^{-1} \times 1.368 \quad (5\text{-}26)$$

$$(1 - a)S(t)/4 = \sigma T_{eff}^4 \quad (5\text{-}27)$$

ここで，f_{BB} は炭酸塩のフィードバック関数，f_{LA} は陸域の炭酸塩の面積（Ronov 1994；Bluth and Kump 1991），f_{AD} は流出量（Ronov 1994；Otto-Bliesner 1995），P_{CHTP} はヒマラヤ・チベット地域における炭酸塩の風化の寄与を表わす定数，f_V は火山岩の分布面積（Bluth and Kump 1991），f_B は珪酸塩のフィードバック関数，f_R はヒマラヤ・チベット地域の隆起を表わすパラメータ（Métivier *et al.* 1999），f_H は海洋プレートの生産速度（Kaiho and Saito 1994），f_{SR} は海洋底拡大速度（Kaiho and Saito 1994），f_{SUB} は沈み込み帯における沈み込み速度（Engebreston *et al.* 1992），f_C は炭酸塩の沈殿を表わすパラメータ，f_{BAB} は背弧海盆の拡大速度（Kaiho and Saito 1994），ΔT は現代の全球平均気温 T_0 からの温度差，RUN は温度が流出量に与える影響を表わす定数，T_S は全球平均気温（表層温度），T_{eff} は有効放射温度，$S(t)$ は太陽光度，σ は Stefan-Boltzmann 定数，ψ は log P_{atm}（bar）（P_{atm} は大気 CO_2 分圧）である。また，* は現代値を示す。式（5-23）～（5-27）は Caldeira and Kasting（1992a）に基づく。なお，以上のパラメータを**表 5.3** にまとめた。

＜f_R について＞

ヒマラヤ・チベット地域の隆起を表わすパラメータ f_R の求め方には，いくつかの方法が提案されている。Tajika（1998）は，Richter *et al.*（1992）が求めた浸食速度（**図 5.2**）を用いた。これは，海水 Sr 同位体比に基づき，世界全体の珪酸塩の風化フラックスを，ヒマラヤ・チベット地域の風化フラックスとそれ以外の地域の風化フラックスとに分け，前者の風化フラックスを浸食速度と

表 5.3 外的パラメータおよび定数の一覧

記号	内容	文献
f_{LA}	陸上の炭酸塩の面積を表わすパラメータ	Ronov（1994）; Bluth and Kump（1991）
f_{AD}	流出量を表わすパラメータ	Ronov（1994）; Otto-Bliesner（1995）
f_B	珪酸塩のフィードバック関数	Berner and Kothavala（2001）
f_{BB}	炭酸塩のフィードバック関数	Berner and Kothavala（2001）
f_R	隆起パラメータ	Métivier *et al.*（1999）
f_V	火山岩地域の面積を表わすパラメータ	Ronov（1994）; Bluth and Kump（1991）
f_{SR}	海洋底拡大速度を表わすパラメータ	Kaiho and Saito（1994）
f_H	海洋プレートの生成速度を表わすパラメータ	Kaiho and Saito（1994）
f_C	炭酸塩の沈殿を表わすパラメータ	Berner（1994）
P_{CHTP}	ヒマラヤ・チベット地域における炭酸塩の風化の寄与を表わす定数	Gaillardet *et al.*（1999）より算出
f_{BAB}	背弧海盆の生成速度を表わすパラメータ	Kaiho and Saito（1994）
f_{SUB}	沈み込みを表わすパラメータ	Engebreston *et al.*（1992）
RUN	気温の変化が流出量に与える影響を表わす定数	Berner and Kothavala（2001）

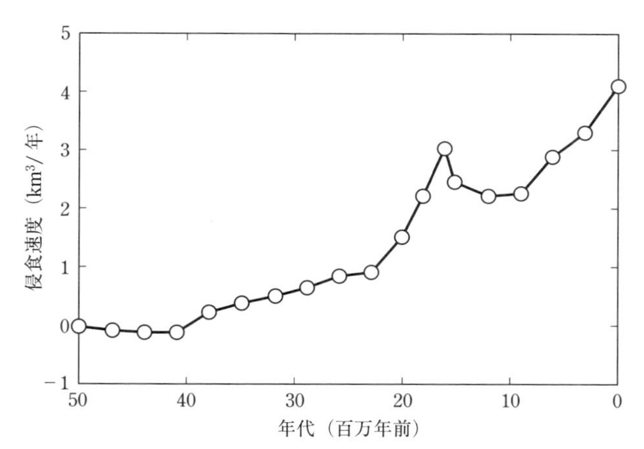

図 5.2 Richter *et al.*（1992）により求められたヒマラヤ・チベット地域の浸食速度

したものである。しかし，Richter *et al.*（1992）の推定した浸食速度は，新生代後期（ここでは 40 Ma 以降）の海水 Sr 同位体比の上昇がすべてヒマラヤ・チベット地域の珪酸塩の風化によるものであると仮定して求めたものである（熱水活動分は除いてある）。海水 Sr 同位体比は新生代後期に顕著に上昇したことが知られており（**図 5.3**），これがヒマラヤ・チベットの隆起に伴う風化量

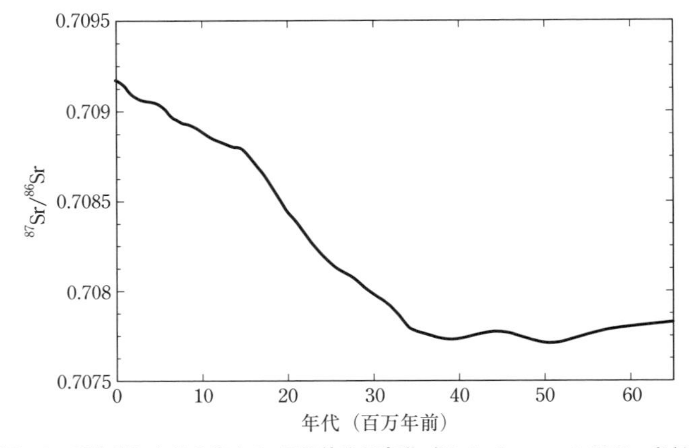

図 5.3　新生代における海水 Sr 同位体比の変動（McArthur *et al.* 2001；私信）

の増大に基づくという隆起仮説（Raymo *et al.* 1988；Raymo and Ruddiman 1992）に基づいているからである。しかし，ヒマラヤ・チベット地域の珪酸塩の風化のみにより新生代後期に海水 Sr 同位体比が上昇したとは考えにくい。たとえば，ヒマラヤ・チベット地域には変成作用を受けた炭酸塩があり，その Sr 同位体比は海成炭酸塩のそれよりもずっと高い（Quade *et al.* 1997）。また，ヒマラヤの河川流域において観測されるような散点状カルサイトは，かなり高い $^{87}Sr/^{86}Sr$ を有している（Jacobson and Blum 2000）。また，炭酸塩の風化速度はきわめて速く，たとえばヒマラヤのような造山活動が活発な地域においては，炭酸塩由来のフラックスの 60% はわずか 3% の熱水カルサイトの存在によるものであるとの報告もある（Waldbauer and Chamberlain 2005；Chamberlain *et al.* 2005）。さらに，新生代における海水 Sr 同位体比の変動は，氷河化に伴う風化パターンの変化（Armstrong 1971；Blum and Erel 1995, 1997）や火山岩の風化（Taylor and Lasaga 1999）などにも影響を受けているといわれている。このようなことから，新生代後期における海水 Sr 同位体比の上昇をヒマラヤ・チベット地域における珪酸塩の風化のみによるものとすることはできないと考えられる。もし Richter *et al.*（1992）の求めた浸食速度を f_R として用いれば，ヒマラヤ・チベット地域における浸食作用が過大評価される結果となる。

f_R の別の求め方として，Berner and Kothavala（2001）は物理的風化速度と

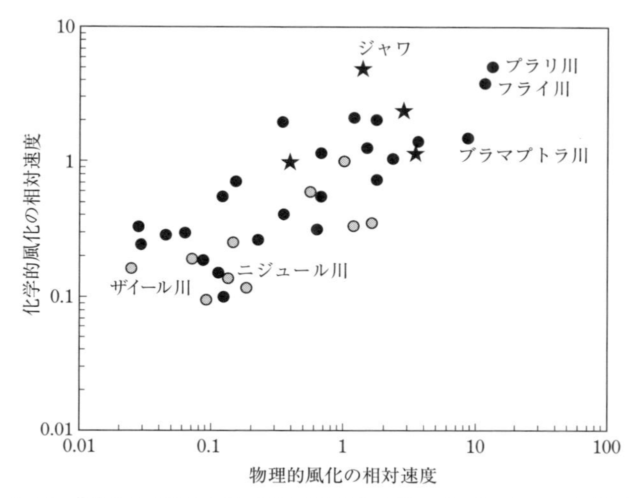

図 5.4 化学的風化速度と物理的風化速度との関係（Gaillardet *et al.* 1999）

化学的風化速度の関係を用いた。すなわち，物理的風化により岩石は粒子に分解され，その比表面積は増加する。そして，化学的風化速度は鉱物の表面積と正の相関にあるから，結局，物理的風化により化学的風化が促進されるという結果になる。また逆に，化学的風化によって鉱物が分解されると岩石は崩壊し，その結果，物理的風化も促進される。**図 5.4** に示したように，化学的風化速度は物理的風化速度の約 2/3 乗である（Gaillardet *et al.* 1999）。そこで，Berner and Kothavala（2001）は，陸源堆積物の量（Ronov 1993）が浸食速度＝物理的風化の速度を表わしていると仮定したうえで，上記の関係を利用して隆起パラメータを求めた。そして，このパラメータと海水 Sr 同位体比に基づき求めた f_R とがおおよそ一致しているとした（第 2 章の図 2.12 参照）。ただ，Ronov（1993）のデータの時間分解能は 10 ～ 30 Ma であり，新生代の時間スケール，とくにヒマラヤ・チベット地域が約 5000 万年前から始まったことを考えると，これは，新生代における大陸の隆起を表わすパラメータとしてはやや粗い。

そこで，ここでは，ヒマラヤ・チベット地域の風化パラメータとして，堆積物の堆積速度（Métivier *et al.* 1999）を用いる。Métivier *et al.*（1999）は，新生代を対象として，アジア地域の 18 の堆積盆における堆積物の堆積量の変動を，

10 Ma より短い（高い）時間分解能で求めた。これらの堆積盆のうち，ヒマラヤ・チベット地域の河川から流出する堆積物の堆積量の変動を隆起パラメータ（f_R）とすることができる（**図 5.5**）。なお，このほかに，隆起パラメータとして標高データ（**図 5.6**）を用いる方法もある。**図 5.7** には，堆積物の堆積速度（Métivier *et al.* 1999）を用いた場合と標高データを用いた場合の大気 CO_2 濃度の比較を示したが，両者の結果に大きな差がないことがわかる。したがって，

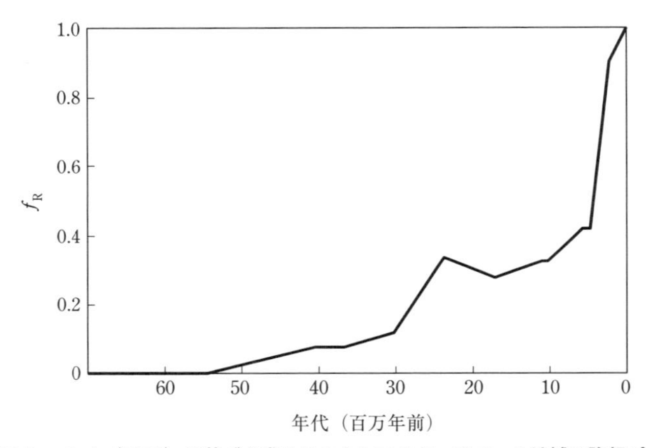

図 5.5　Métivier *et al.*（1999）に基づき求められたヒマラヤ・チベット地域の隆起パラメータ f_R

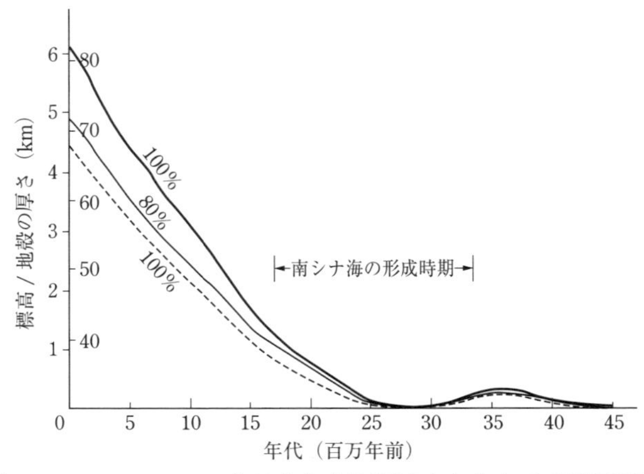

図 5.6　Zhao and Morgan（1985）により求められたチベットの標高の変化

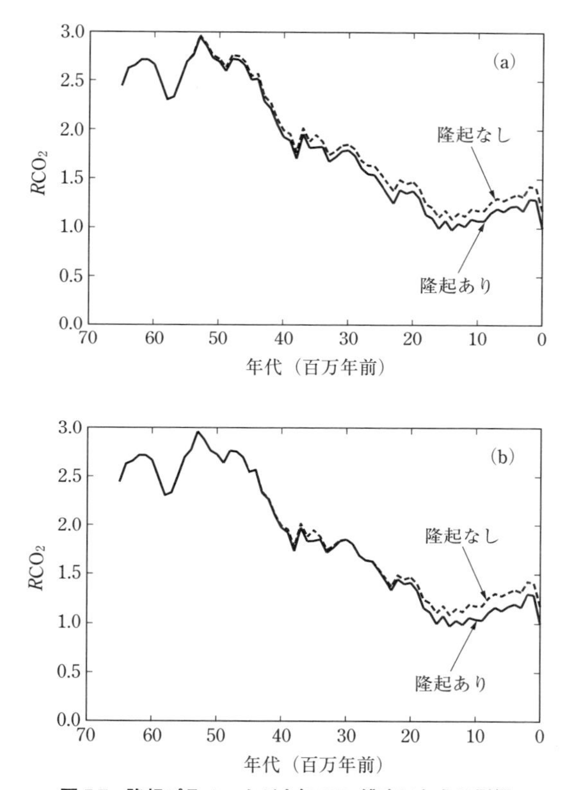

図 5.7 隆起パラメータが大気 CO_2 濃度に与える影響

(a) 隆起パラメータ f_R に Métivier *et al.* (1999) を用いた場合（隆起あり），および隆起がないとした場合（$f_R = 0$）（隆起なし）の大気 CO_2 濃度変化，(b) 隆起パラメータ f_R に Zhao and Morgan (1985) を用いた場合（隆起あり），および隆起がないとした場合（$f_R = 0$）（隆起なし）の大気 CO_2 濃度変化。

ここでは，堆積物の堆積速度を隆起パラメータとして用いた場合のみを考える。なお，ヒマラヤ・チベット地域の面積は世界全体の 4% ほどであり，また，新生代の時間スケールではヒマラヤ・チベット以外の地域の隆起の影響は無視できるレベルである（Tajika 1998）。

＜ f_V について＞

火山岩の風化量を表わすパラメータには，いくつかの算出方法が提案されている（Wallmann 2001；Berner 2006；Kashiwagi *et al.* 2008）。Berner（2006）は，

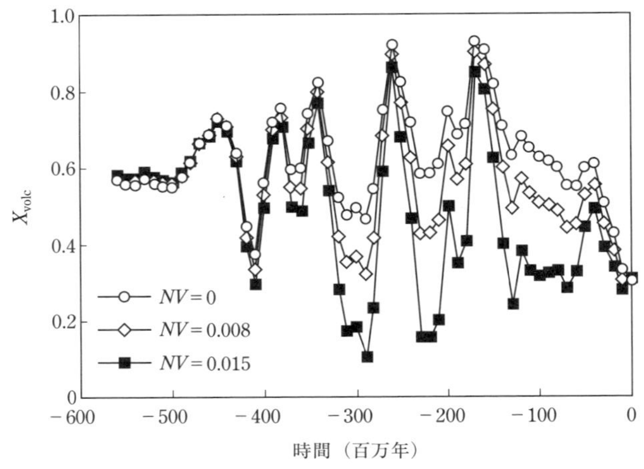

図 5.8　Berner（2006）のモデルにおける玄武岩の風化フラックスのパラメータ X_{volc} の変化
*NV*は，大陸の隆起が非火山性の珪酸塩の $^{87}Sr/^{86}Sr$ に与える影響を表わす定数である。(Berner 2006)

以下のようなパラメータ f_{volc} を導入した。

$$f_{volc}(t) = \frac{[W_v X_{volc} + W_{nv}(1 - X_{volc})]}{[W_v X_{volc} + W_{nv}(1 - X_{volc})]_0} \quad (5\text{-}28)$$

ここで，W_v は火山岩の風化速度，W_{nv} は火山岩以外の岩石の風化速度，0は現代値を表わす。式（5-28）が示すように，f_{volc} は珪酸塩全体に対する火山岩の風化の寄与を表わすパラメータである。Berner（2006）は，$W_v = 2\ X_{nv}$ (Meybeck 1987)，および現代における $X_{volc} = 0.3$ (Dessert *et al.* 2003) を仮定し，さらに海水Sr同位体比の変動に基づき X_{volc} を求めた (**図5.8**)。この方法によって求められた X_{volc} と Bluth and Kump（1991）のデータはよく一致している (Berner 2006)。本モデルでは，Bluth and Kump（1991）のデータを f_V として用いる。

＜f_{MOR}，f_H，f_{IA}，f_{BAB} について＞

中央海嶺からの脱ガスのパラメータ f_{MOR} とホットスポットからの脱ガスパラメータ f_H はそれぞれ，中央海嶺の生産速度，海洋プレートの生産速度とする (Kaiho and Saito 1994)。また，島弧での脱ガスパラメータ f_{SUB} は，沈み込

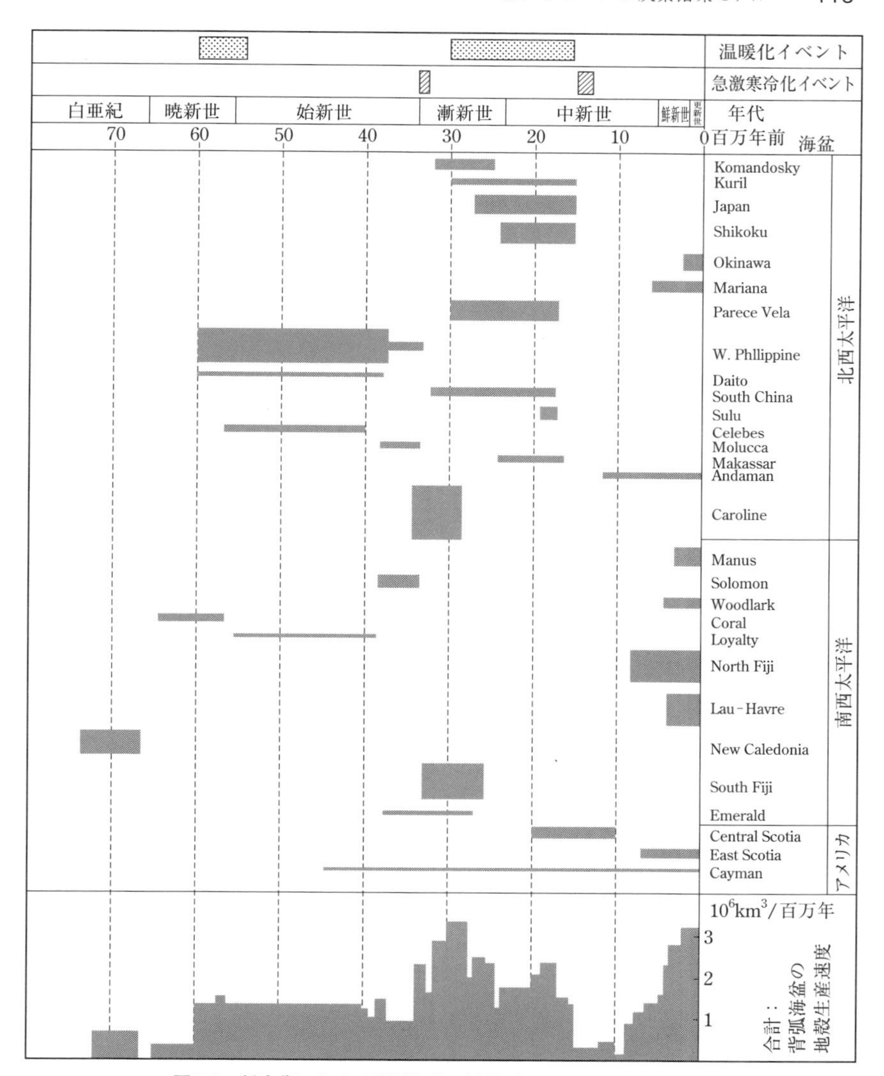

図 5.9 新生代における背弧海盆の消長 (Kaiho and Saito 1994)

み帯にもたらされる物質量が脱ガス量と相関関係にあると考えられることから，プレートの沈み込み速度 (Engebreston *et al.* 1992) を用いる。さらに，背弧海盆にかかる脱ガスパラメータ f_{BAB} については，背弧の生成や拡大は中央

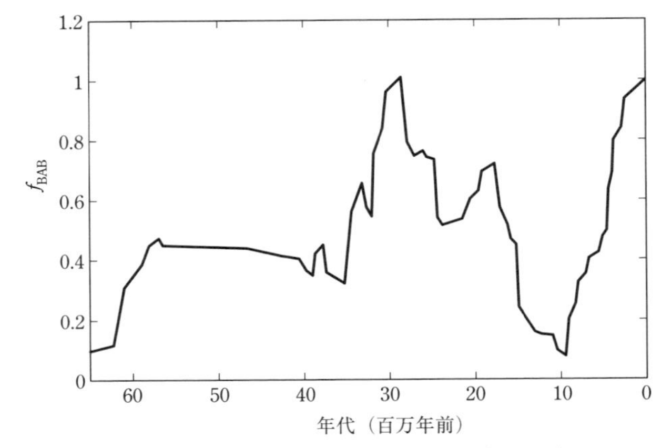

図 5.10　背弧海盆からの脱ガスフラックスのパラメータ f_{BAB}
（Kaiho and Saito 1994 に基づき作成）

海嶺のようなプレート発散境界で起きているわけではなく，また前弧のようなプレート収束境界で起きる現象とも異なるので，海洋底拡大速度や沈み込み速度を用いることはできない。ここで，Kaiho and Saito（1994）は，新生代において生成・拡大した世界中の29の背弧海盆の地殻生成速度を求めており（**図 5.9**），これを f_{BAB} として用いることが適当である（**図 5.10**）。

5.1.3　現代値

リザーバーおよび炭素同位体比（δ^{13}C）の現代値を**表 5.4** に，各フラックスの現代値を**表 5.5** に示す（Kashiwagi and Shikazono 2003；Kashiwagi *et al.* 2008）。

まず，風化フラックス F_W*，埋没フラックス F_B*，中央海嶺およびホットスポットからの脱ガスフラックス F_{MOR}*, F_H* は，表 5.5 に示した文献値に基づく。

背弧海盆からの脱ガスフラックスの現代値 F_{BAB}* は，海洋地殻の生成速度と水岩石比を用いて次のように計算する（鹿園 1998）。地殻生産速度が P（厚さ 6.5 km。Kaiho and Saito 1994）の背弧海盆において，熱水循環が起きる海底深さを D（km），水／岩石比を R，玄武岩の密度を d，熱水中の CO_2 濃度を c とすると，熱水フラックスは $P \times (D/6.5) \times R \times d \times c$ となる。ここで，熱水中の CO_2 濃度は，沖縄トラフで 20 mM，マリアナトラフで 43.4 mM，北フィ

表 5.4 リザーバーおよび炭素同位体比（$\delta^{13}C$）の現代値

記号	現代値	文献
M^{C}	5000×10^{18} mol	Berner *et al.*（1983）
M^{O}	1250×10^{18} mol	Berner *et al.*（1983）
δ^{C}	1.5‰	Berner（1987）
δ^{O}	−23.5‰	Berner（1987）
δ^{AO}	1.0‰	Berner（1987）
δ^{M}	−5.0‰	Schidlowski（1988）

表 5.5 フラックスの現代値の一覧

記号	現代値	文献
F_{W}^{S}	7.1×10^{18} mol/Ma	Gaillardet *et al.*（1999）
F_{W}^{VOL}	2.08×10^{18} mol/Ma	Gaillardet *et al.*（1999）；Dessert *et al.*（2003）
$F_{W,HTP}^{S}$	0.98×10^{18} mol/Ma	Gaillardet *et al.*（1999）
$F_{W,HTP}^{C}$	6.96×10^{18} mol/Ma	Gaillardet *et al.*（1999）
$F_{W,OTHER}^{S}$	4.04×10^{18} mol/Ma	Gaillardet *et al.*（1999）
F_{W}^{C}	12.3×10^{18} mol/Ma	Berner（1994）
F_{W}^{O}	3.75×10^{18} mol/Ma	Lasaga *et al.*（1985）
F_{B}	5.0×10^{18} mol/Ma	Lasaga *et al.*（1985）
F_{P}	18.9×10^{18} mol/Ma	本文参照
F_{R}^{C}	2.13×10^{18} mol/Ma	本文参照
F_{R}^{O}	3.74×10^{18} mol/Ma	本文参照
F_{IA}^{C}	4.45×10^{18} mol/Ma	本文参照
F_{IA}^{O}	8.76×10^{17} mol/Ma	本文参照
F_{MOR}	1.5×10^{18} mol/Ma	Sano and Williams（1996）
F_{H}	3.0×10^{17} mol/Ma	Sano and Williams（1996）
F_{BAB}	7.2×10^{17} mol/Ma	本文参照

ジー海盆で 12.75 mM，その他の背弧海盆では同じ熱水系である中央海嶺の平均的な値である 15 mM とする（Gamo 1995）。また，玄武岩の密度 d を 2.8 とし，D は 2 km とする。また，海底熱水系における水／岩石比 R は 1.4 ～ 12.3 であるとの推定があるので（Fisher and Narasimhan 1991），ここでは 6.85 とする。その結果，背弧海盆からの熱水フラックスの合計（$F_{BAB}{}^{*}$）は 7.2×10^{17} mol/Ma と求まる。

また，炭酸塩の沈殿フラックスの現代値 $F_{P}{}^{*}$，沈み込みのフラックスの現代値 F_{R}^{C*} および F_{R}^{O*} は，現代におけるリザーバーの定常状態を仮定して以下のように求められる。まず，$F_{P}{}^{*}$ は式（5-7）より

$$F_{P}{}^{*} = F_{W}^{S*} + F_{W}^{C*} \tag{5-29}$$

である。また，F_{IA}^{C*}，F_{IA}^{O*} は，式（5-3）と（5-6）より求まる。求めた F_{IA}^{C*}，F_{IA}^{O*} を式（5-1）と（5-2）に代入すると，沈み込みのフラックス F_{R}^{C*} と F_{R}^{O*} はそれぞれ，

$$F_{R}^{C*} = F_{W}^{C*} + F_{IA}^{C*} - F_{P}{}^{*} \tag{5-30}$$

$$F_{R}^{O*} = F_{W}^{O*} + F_{IA}^{O*} - F_{B}{}^{*} \tag{5-31}$$

となる。

ヒマラヤ・チベット地域における炭酸塩の風化フラックスは，珪酸塩の風化フラックスよりもかなり大きいと考えられている。インダス河では，珪酸塩由来の Ca + Mg の風化フラックスは重量比で 1/4 に過ぎない（Karim and Veizer 2000）。また，Krishnaswami *et al.*（1992）によれば，ガンジス－ブラマプトラ－インダス河において，炭酸塩の風化フラックスはカチオンベースで約 2/3 を占めている。また，HCO_3^- 換算では，ヒマラヤ河川の炭酸塩の風化量は風化全体の 82% を占めるとの研究もある（Blum *et al.* 1998）。本モデルでは，ヒマラヤ・チベット地域における炭酸塩由来の風化フラックスは全体の 88% を占めていると計算され（表 5.5 参照），上記の研究結果と調和的である。

5.1.4　解法および計算結果

本モデルにおける過去の大気 CO_2 濃度（比）（RCO_2）は，後退差分法により現代から過去に遡って解くことができる。たとえば，時間 $t + \Delta t$ から t に遡る場合は，以下のようにして解く。まず，$M^{C}(t + \Delta t)$，$M^{O}(t + \Delta t)$，$\delta(t + \Delta t)$ が既知であるとき，$\Delta(t + \Delta t)$ や外的パラメータ $f(t + \Delta t)$ は所与のパラメータであることから，ある適当な値の $RCO_2(t)$ を設定すると，式（5-3）と（5-6）により $F_{B}(t)$ と $F_{P}(t)$ を求めることができる。そして，求めた $F_{P}(t)$ と式（5-7）から $F_{W}^{S}(t)$ を算出でき，これに対する $RCO_2(t)$（$RCO_2'(t)$ とする）を求める。この $RCO_2'(t)$ と，前述の $RCO_2(t)$ が同値に収束するまで $RCO_2(t)$ を変化させつつ，上記の計算を繰り返し行なう。

このようにして $RCO_2(t)$ が求まれば，上記で求めた $F_{P}(t)$ と式（5-5）か

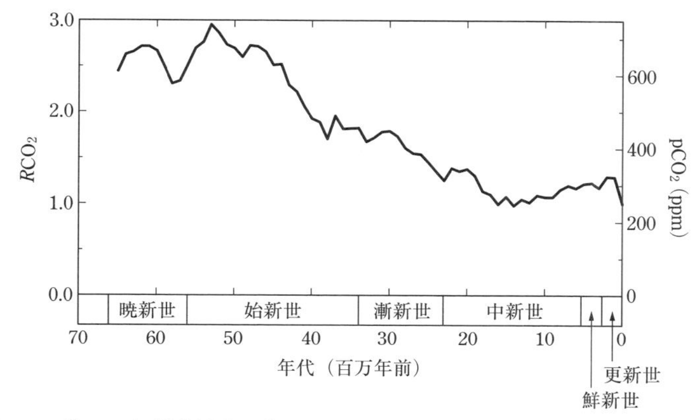

図 5.11　グローバル炭素循環モデルによって計算された新生代における大気 CO_2 濃度
RCO_2 は現代を基準とした大気 CO_2 濃度の比。pCO_2 は大気 CO_2 分圧。

ら $M^{C}(t)$ が求まり，同様に $F_{B}(t)$ と式（5-6）から $M^{O}(t)$ が求まる。以上により1ステップが終了する。これらを過去に遡る方向で繰り返して解く。なお，以上の差分計算を精度よく解くためにはルンゲ・クッタ法などを用いる。

図 5.11 に，計算された大気 CO_2 濃度の変化を示した。この結果については，第6章にて解説する。

5.2　炭素循環と海水 Sr 同位体比変動の結合モデル

新生代後期の重要な地質学的イベントとして，ヒマラヤ・チベットの隆起がある。これにより大気 CO_2 濃度の低下がもたらされたとの主張があることは前述した（第4章4.1節参照）。実際，これは前節のグローバル炭素循環モデルでも考慮されている。一方で，大陸での風化量の指標として海水 Sr 同位体比（$^{87}Sr/^{86}Sr$）が提案されている（Raymo *et al.* 1988）。海水 Sr 同位体比は，大陸での風化作用と海底での熱水作用とのバランスによって規定されているためである（Elderfield and Schultz 1996）。このように，大気 CO_2 濃度と海水 Sr 同位体比はともに大陸の風化によってコントロールされているので，この風化というプロセスを介して，地球上の炭素の挙動とストロンチウムの挙動とが結びつけられることになる。そこで，このような視点から，グローバル炭素循環モデルの結果を用いて，炭素とストロンチウムの挙動を同時にモデル化することが可能である。これにより，ヒマラヤ・チベット地域の隆起，風化，および大気 CO_2 濃度の関係について総合的な検討を行なうことができる。

そこで本節では，そのようなモデルの一例として，グローバル炭素循環と海水 Sr 同位体比の変動を結合したモデルを解説する。

5.2.1 海水 Sr 同位体比とマスバランス

海水中の Sr 同位体比（$^{87}Sr/^{86}Sr$）は，大陸の風化と海底からの熱水フラックスやその Sr 同位体比のバランスによって決定される。これに基づくと，海洋における Sr 同位体のマスバランスは次のように表わすことができる（Brass 1976；Palmer and Edmond 1989；François and Goddéris 1998；Kashiwagi *et al.* 2008）。

$$
\begin{aligned}
&NdR_{SW}/dt \\
&=\{F_W^{VOL}P_W^{VOL}(R_W^{VOL}-R_{SW})+F_{W,OTHER}^{S}P_{W,OTHER}^{S}(R_{W,OTHER}^{S}-R_{SW}) \\
&+F_{W,HTP}^{S}P_{W,HTP}^{S}(R_{W,HTP}^{S}-R_{SW})+F_{W,OTHER}^{C}P_{W,OTHER}^{C}(R_{W,OTHER}^{C} \\
&-R_{SW})+F_{W,HTP}^{C}P_{W,HTP}^{C}(R_{W,HTP}^{C}-R_{SW})\}+\{F_{MOR1}P_{MOR1}(R_{MOR1} \\
&-R_{SW})+F_{MOR2}P_{MOR2}(R_{MOR2}-R_{SW})+F_{BAB}P_{BAB}(R_{BAB}-R_{SW})\}
\end{aligned}
\tag{5-32}
$$

ここで，F は炭素のフラックス（グローバル炭素循環モデルの結果を用いる），P_i は炭素フラックス F_i を Sr のフラックスに変換する比例定数（Sr/C）である［つまり，$P \times F$ は Sr のフラックス（以下，J と表記する）となる］。地殻にはさまざまな組成や年代の岩石が存在することを考えれば，上式の P は一定とみなすことができる（François and Goddéris 1998）。また，N は海水中の Sr のモル数［約 1.25×10^{17} mol（Richter *et al.* 1992）］，R_{SW} は海水 Sr 同位体比（Veizer *et al.* 1999）である。また，添字の SW は海水，W は風化，HTP はヒマラヤ・チベット地域，OTHER はヒマラヤ・チベットおよび火山岩地域以外の地域，S は珪酸塩，C は炭酸塩，VOL は火山岩，MOR1 は中央海嶺の軸部，MOR2 は中央海嶺の周辺部（山腹部），BAB は背弧海盆を表わす。R_{SW} の現

表 5.6 Sr のフラックスの一覧

記号	内容
$J_{\mathrm{W}}^{\mathrm{VOL}}$	火山岩の風化フラックス
$J_{\mathrm{W,HTP}}^{\mathrm{S}}$	ヒマラヤ・チベット地域における珪酸塩の風化フラックス
$J_{\mathrm{W,HTP}}^{\mathrm{C}}$	ヒマラヤ・チベット地域における炭酸塩の風化フラックス
$J_{\mathrm{W,OTHER}}^{\mathrm{S}}$	ヒマラヤ・チベット地域以外における珪酸塩の風化フラックス
$J_{\mathrm{W,OTHER}}^{\mathrm{C}}$	ヒマラヤ・チベット地域以外における炭酸塩の風化フラックス
J_{MOR1}	中央海嶺の軸部における熱水フラックス
J_{MOR2}	中央海嶺の軸部以外の熱水フラックス
J_{BAB}	背弧海盆の熱水フラックス

表 5.7 Sr 同位体比（^{87}Sr/^{86}Sr）の一覧

記号	内容
$R_{\mathrm{W}}^{\mathrm{VOL}}$	火山岩の ^{87}Sr/^{86}Sr
$R_{\mathrm{W,HTP}}^{\mathrm{S}}$	ヒマラヤ・チベット地域における珪酸塩の ^{87}Sr/^{86}Sr
$R_{\mathrm{W,HTP}}^{\mathrm{C}}$	ヒマラヤ・チベット地域における炭酸塩の ^{87}Sr/^{86}Sr
$R_{\mathrm{W,OTHER}}^{\mathrm{S}}$	ヒマラヤ・チベットおよび火山岩地域以外における珪酸塩の ^{87}Sr/^{86}Sr
$R_{\mathrm{W,OTHER}}^{\mathrm{C}}$	ヒマラヤ・チベットおよび火山岩地域以外における炭酸塩の ^{87}Sr/^{86}Sr
R_{MOR1}	中央海嶺の軸部における熱水の ^{87}Sr/^{86}Sr
R_{MOR2}	中央海嶺の軸部以外の熱水の ^{87}Sr/^{86}Sr
R_{BAB}	背弧海盆の熱水の ^{87}Sr/^{86}Sr

代値（過去約 250 万年における平均値）は 54×10^{-6}/Ma である（Hoddell *et al.* 1990）。これらのパラメータの一覧を**表 5.6** と**表 5.7** に示す。

本モデルでは，式（5-32）に基づき，海水 Sr 同位体比（左辺）から熱水の寄与分（右辺の第 2 項）を差し引くことにより，風化の寄与分（右辺の第 1 項）を求める。この風化の寄与分には，ヒマラヤ・チベット地域の風化とそれ以外の地域における風化がある。このうち，風化フラックスはグローバル炭素循環モデルより求められるので，これを既知とし，さらに，ヒマラヤ・チベット地域の岩石の Sr 同位体比を既知とすれば，ヒマラヤ・チベット以外の地域の岩石の Sr 同位体比の変動を求めることができる。

このようにして求められる岩石の Sr 同位体比は，ヒマラヤ・チベット地域の風化の影響を裏側から反映している。つまり，もし新生代後期における海水 Sr 同位体比の上昇がヒマラヤ・チベット地域における風化によるものであるとすれば，ヒマラヤ・チベット以外の地域での岩石の Sr 同位体比の変動は小さいはずである。逆に，ヒマラヤ・チベット以外の地域の岩石のSr同位体比に特徴的な変動が見られるとすれば，それはその地域における風化パターンが変化したことによって海水Sr同位体比が変動したことを示唆しており，海水Sr同位体比の上昇カーブから推測されるような風化の増大は，ヒマラヤ・チベット地域では起きなかったということができる。そして，実際は上記のいずれであるかを確かめるのが，本モデルの構築の目的である。

5.2.2 定数とパラメータ

＜風化作用にかかる定数とパラメータ＞

まず，Srの風化フラックスの現代値を設定する。大陸岩石の風化によって海洋に流入するSrには，表層水（河川など）を経由してくるものと，地下水を経由してくるものがある。まず，河川経由の風化フラックスは次のように設定する。世界全体の風化フラックスとSr同位体比（$^{87}Sr/^{86}Sr$）の平均値（珪酸塩および炭酸塩の平均値）はGaillardet *et al.*（1999）の分析データを用いる。ただし，ヒマラヤ・チベット地域の河川は他のデータを用いる。すなわち，ガンジス－ブラマプトラ河はBickle *et al.*（2005）とGaly *et al.*（1999）のデータを用い，インダス河はKarim and Veizer（2000）のデータを用いる。ヒマラヤ・チベット地域以外の風化岩石のうち，炭酸塩および珪酸塩のSr同位体比はそれぞれ0.708と0.718とする（Gaillardet *et al.* 1999；Brass 1976）。なお，火山岩の風化フラックス（上記の珪酸塩の風化フラックスには含まれない）の求め方は後述する。

一方，地下水を経由するSrの風化フラックスは以下のように考える。地下水フラックスは，Chaudhuri and Clauer（1986）が1.95×10^{12} g/yr（yrは年），Basu *et al.*（2001）が1.65×10^{16} mol/Maと，ほぼ同様の値を算出した。これらは，河川を経由する風化フラックス（3.3×10^{16} mol/Ma；Palmer and Edmond 1989）の約半分に相当し，河川フラックスのインパクトが大きいことがわかる。このように地下水フラックスが大きい理由は，地下の温度が一般的に地表の温度より高く，また，地下水の滞留時間も地表水のそれより長いため，溶解が進みやすいためと考えられている。ここでは，地下水のフラックスの現代値としてBasu *et al.*（2001）の値を採用する。なお，地下水のSr同位体比は河川のそれと同じとすることができる（Chaudhuri and Clauer 1986）。

地下水フラックスのうち，ガンジス－ブラマプトラ河の流域での地下水のフラックスは 8.2×10^{8} mol/yr であると推定されており（Dowling *et al.* 2003），これは同地域の河川経由の風化フラックス（8.0×10^{8} mol/yr）と同等である。さらに，イラワディ河，長江，メコン河といったヒマラヤ・チベット地域を流れる他の河川も，ガンジス河，ブラマプトラ河と同様に降水量の多い流域を有し，堆積物が多量に堆積する沿岸氾濫原へと流出するから，そのような河川の流域を流れる地下水の量も多いと考えられる。

ヒマラヤ・チベット地域から流出する地下水のフラックスを，ここでは２つの方法で求める。第１の方法は次のとおりである。世界全体において，地下水経由の風化フラックスと河川経由のフラックスの比は，前述の値を用いて $1.65 \times 10^{10}/3.4 \times 10^{10}$ と計算できる。この比がヒマラヤ・チベット地域にもあてはまるとする。すると，ヒマラヤ・チベット地域における地下水経由の風化フラックスは，$8.0 \times 10^{9} \times (1.65 \times 10^{10}/3.4 \times 10^{10}) = 3.9 \times 10^{8}$ mol/yr となる。もう１つの方法は，世界全体ではなく，ガンジス－ブラマプトラ河流域における地下水流量と河川流量の割合に基づいて計算する。すなわち，地下水経由の風化フラックスと河川経由のフラックスの割合は $8.0 \times 10^{9}/8.2 \times 10^{10}$ であるので（Dowling *et al.* 2003），この比率がヒマラヤ・チベットを流れる他の河川についてあてはまるとする。この場合，ヒマラヤ・チベット地域における地下水経由の風化フラックスは，$8.0 \times 10^{8} \times (8.0 \times 10^{10}/8.2 \times 10^{10}) = 7.8 \times 10^{8}$ mol/yr となる。

このような方法により求めた地下水フラックスと，前述した河川フラックスとを合計したものが全体の風化フラックスとなる。さらに，この風化フラックスを，珪酸塩由来のものと炭酸塩由来のものに分ける必要がある。ヒマラヤ河川の分析的研究によれば，炭酸塩由来のフラックスの割合は 50 ～ 75% である（Galy *et al.* 1999；English *et al.* 2000；Jacobson *et al.* 2002；Bickle *et al.* 2005）。これらを考慮して，本モデルでは，炭酸塩由来のフラックスの割合は 60% であるとする。

ヒマラヤ・チベット地域の岩石の Sr 同位体比は，造山活動とともに変成作用を受け，その結果として変動してきたと考えられる。François and Goddéris

(1998) や Wallmann (2001) は，大陸地殻のSr同位体比が40 Ma以降，直線的に上昇すると仮定した。ただ，本モデルでは式 (5-32) で示したようにヒマラヤ・チベット地域とその他の地域とを区別しているため，ヒマラヤ・チベット地域についてのみSr同位体比が上昇すると仮定する。すなわち，ヒマラヤ・チベット地域のSr同位体比は40 Maまでヒマラヤ・チベット地域以外の地域の値と同じであり，40 Ma以降は現代まで直線的に上昇すると仮定する。

なお，ここで問題となるのは，ヒマラヤ・チベット地域における珪酸塩と炭酸塩の関係についてである。ヒマラヤ・チベット地域のような造山帯には，変成作用によって生成した炭酸塩（変成炭酸塩）が広く分布していることが指摘されている (Quade *et al.* 1997；Blum *et al.* 1998；Jasobson and Blum 2000)。変成炭酸塩のSr同位体比は海成炭酸塩のSr同位体比よりも高く，珪酸塩鉱物のSr同位体比と同等であるとの報告がある (Jacobson and Blum 2000)。そこで本モデルでは，珪酸塩および炭酸塩の双方が同じSr同位体比を有するものと仮定する。

<熱水作用にかかる定数とパラメータ>

中央海嶺や背弧海盆からの熱水フラックスは直接推定することが難しく，他のフラックスの推定値に基づき間接的に求められることが多い。たとえばPalmer and Edmond (1989) は，世界の主要な河川分析データ（フラックスおよびSr同位体比）と現代の海水Sr同位体比の値から，熱水フラックスを 1.0×10^{16} mol/Maと推定した。しかし，この計算方法では，風化フラックスとそのSr同位体比の値の取り方（上記の河川データには幅がある）により熱水フラックスの値が大きく異なる（**図5.12**)。実際，Palmer and Edmond (1989) による熱水フラックスの推定値は，他の研究による熱水フラックスの推定値 (2.9×10^{15} mol/Ma；Stoll and Schrag 1998) と約3倍の開きがある。ただ，Stoll and Schrag (1998) の熱水フラックスの推定値は，海嶺軸部の熱水反応を前提としている。熱水活動は中央海嶺の軸部だけでなく，それ以外の領域や背弧海盆においても活発に起きる。Davis *et al.* (2003) は，海嶺軸部の高温の熱水反応に加えて，軸部から離れた領域（100℃未満の温度）で起きる熱水反応のフラックスと，火山弧での海底熱水反応によるフラックスも考慮し，それらの合計を約 3.1×10^9 mol/yrと求めた。しかし，この値もPalmer and Edmond (1989)

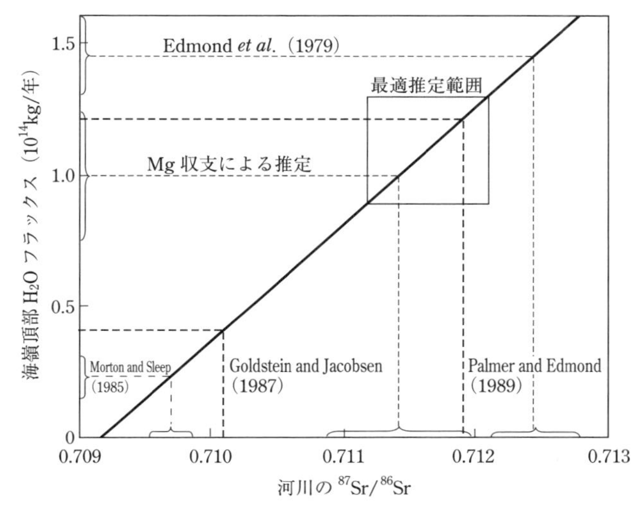

図 5.12　河川の世界平均の Sr 同位体比（横軸）と，中央海嶺の熱水フラックス（縦軸）との関係
（Palmer and Edmond 1989 を改変）

よりはむしろ前述の Stoll and Schrag (1998) の推定値に近い。そこで Davis *et al.* (2003) は，火山岩の風化がこれまで過小に評価されてきたのではないかと指摘した。すなわち，Palmer and Edmond (1989) は世界の大規模河川のデータをコンパイルして風化フラックスを求めているが，火山岩は海洋島など特定の地域に集中して存在するためその風化フラックスの推定が十分でなく，火山岩の風化によるフラックスが小さく見積もられている。その結果，熱水作用によるフラックスは過剰に見積もられ，前述の Stoll and Schrag (1998) より大きい値になる。換言すれば，本来，火山岩の風化フラックスとして評価されなければならないフラックスが，Palmer and Edmond (1989) では熱水フラックスとして過剰に見積もられている（算出されている）可能性がある。

そこで，本モデルでは，海水 Sr 同位体比の値から，Davis *et al.* (2003) による熱水フラックスと，風化フラックス（Palmer and Edmond 1989 と Gaillardet *et al.* 1999 による）の寄与を差し引いた分が，火山岩の風化の寄与分であるとする。すなわち，式 (5-32) に，海水 Sr 同位体比，熱水フラックス，風化フラックスを代入する。すると，火山岩の風化フラックスの現代値は約 2.6 ×

表 5.8　Sr のフラックスの現代値

記号	現代値	文献
$J^{S}_{W,OTHER}$	1.4×10^{16} mol/Ma	Gaillardet *et al.* (1999)
$J^{C}_{W,OTHER}$	2.5×10^{16} mol/Ma	Gaillardet *et al.* (1999)
J^{VOL}_{W}	2.6×10^{16} mol/Ma	本文参照
$J^{S}_{W,HTP}$	4.8×10^{15} mol/Ma	Bickle *et al.* (2005)；Galy *et al.* (1999)；Karim and Veizer (2000)
$J^{C}_{W,HTP}$	7.2×10^{15} mol/Ma	Bickle *et al.* (2005)；Galy *et al.* (1999)；Karim and Veizer (2000)
J_{MOR1}	1.7×10^{15} mol/Ma	Davis *et al.* (2003)
J_{MOR2}	0.8×10^{15} mol/Ma	Davis *et al.* (2003)
J_{BAB}	1.2×10^{15} mol/Ma	Davis *et al.* (2003)
P_{CHTP}	0.6	本文参照

表 5.9　Sr 同位体比（$^{87}Sr/^{86}Sr$）の現代値の一覧

記号	現代値	文献
$R^{S}_{W,OTHER}$	0.718	Brass (1976)
$R^{C}_{W,OTHER}$	0.708	Gaillardet *et al.* (1999)
R^{VOL}_{W}	0.705	Gaillardet *et al.* (1999)
$R^{S}_{W,HTP}$	0.712	本文参照
$R^{C}_{W,HTP}$	0.712	本文参照
R_{MOR1}	0.7035	Davis *et al.* (2003)
R_{MOR2}	0.7089	Davis *et al.* (2003)
R_{BAB}	0.704	Davis *et al.* (2003)

10^{16} mol/Ma と求められる。

最後に，以上の仮定に基づき算出した Sr のフラックスと Sr 同位体比の現代値を**表 5.8** と**表 5.9** に示す。

5.2.3　解法および計算結果

熱水のフラックスとその Sr 同位体比，火山岩の風化フラックスとその Sr 同位体比，およびヒマラヤ・チベット地域の岩石の Sr 同位体比の値はすでに設定した。また，ヒマラヤ・チベット地域やそれ以外の地域の Sr フラックスは，グローバル炭素循環モデルの結果（炭素のフラックスやその同位体比）を用いて求めることができる（Sr/C 比である P は前述のように一定としている）。これらを式（5-32）に代入すれば，ヒマラヤ・チベット，火山岩地域以外の地域の風化岩石の Sr 同位体比を求めることができる。

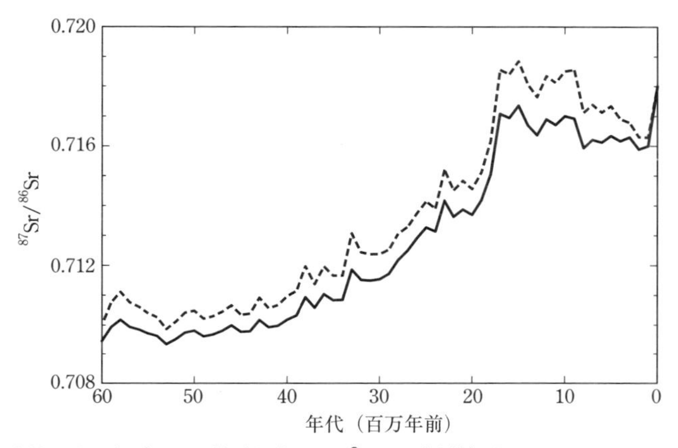

図 5.13　世界全体の地下水データに基づき求めた $R^{S}_{W,OTHER}$（実線）と，ヒマラヤ・チベット地域の地下水データに基づき求めた $R^{S}_{W,OTHER}$（点線）の比較
$R^{S}_{W,OTHER}$ は，ヒマラヤ・チベット，火山岩地域以外の地域における珪酸塩の Sr 同位体比（$^{87}Sr/^{86}Sr$）を表わす。

図 5.13 に，前項で説明した地下水フラックスを求める 2 つの方法（世界全体の地下水流量に基づく算出と，ヒマラヤ・チベット地域の地下水流量に基づく算出）に基づき算出された $R^{S}_{W,OTHER}$（ヒマラヤ・チベット，火山岩地域以外の地域における珪酸塩の Sr 同位体比）の変動を示した。この結果は次章以降に用いる。ただし，両者に大きな差異はないので，とくに断りのないかぎり前者の計算結果を用いる。

5.3　本章のまとめ

- 新生代の気候変動の検討に特化したグローバル炭素循環モデルは，背弧海盆の火成活動や，ヒマラヤ・チベット地域における隆起とそれに伴う風化量の変動，コロンビア川洪水玄武岩地域に代表される火山岩地域における火成活動や火山岩の風化などを考慮する。これらの地球化学的プロセスを考慮することにより，新生代の気候変動を再現する。
- 大気 CO_2 および海水中のストロンチウムは，ともに風化や海底熱水活動を通じてその濃度が規定されている。このことを利用して，グローバル炭素循環モデルの結果に基づき，海洋や大陸岩石のストロンチウム同位体のマスバランスモデルを構築することができる。このモデルは，海水中のストロンチウムの同位体比（$^{87}Sr/^{86}Sr$）の変動と大陸の隆起との関係を定量的に議論する目的で用いることができる。

第6章
新生代の大気CO_2濃度と気候変動

地質時代の気候変動は，堆積物や化石などの分析に基づくプロキシにより推定されてきた。そして，これに数値モデルを併用することで，分析的手法と理論的手法とのクロスチェックを行ない，議論の妥当性を高めることができる。

本章でも同様に，プロキシとグローバル炭素循環モデルの結果を比較しながら，新生代の気候変動について解説・検討を行なう。

図6.1は，(a) プロキシやグローバル炭素循環モデルにより推定された大気CO_2濃度の変動，(b) 酸素同位体比の変動，(c) 陸上気温の変動，(d) 海水Sr同位体比の比較である。**図6.2**は，グローバル炭素循環モデルおよびプロキシによる，中新世から現代までの大気CO_2濃度の変動である。また，**図6.3**は，(a) グローバル炭素循環モデルによる大気CO_2濃度の変動と，(b) 海水Sr同位体比の変動を比較したものである。以下，これらの図を用いながら，6.1節で大気CO_2濃度の変動を解説し，6.2節と6.3節でこの大気CO_2濃度と気候変動との関係について検討する。

6.1　大気CO_2濃度の変動

<新生代前期>

新生代前期（暁新世～始新世）における大気CO_2濃度は，グローバル炭素循環モデルによると500～800 ppm程度であり，現代値より明らかに高くなっていることがわかる。また，土壌炭酸塩による推定，アルケノンによる推定，ホウ素同位体比に基づく推定，気孔密度に基づく推定でも，この時期には大気CO_2濃度が高くなっている。この点では，どの結果もよく一致している。

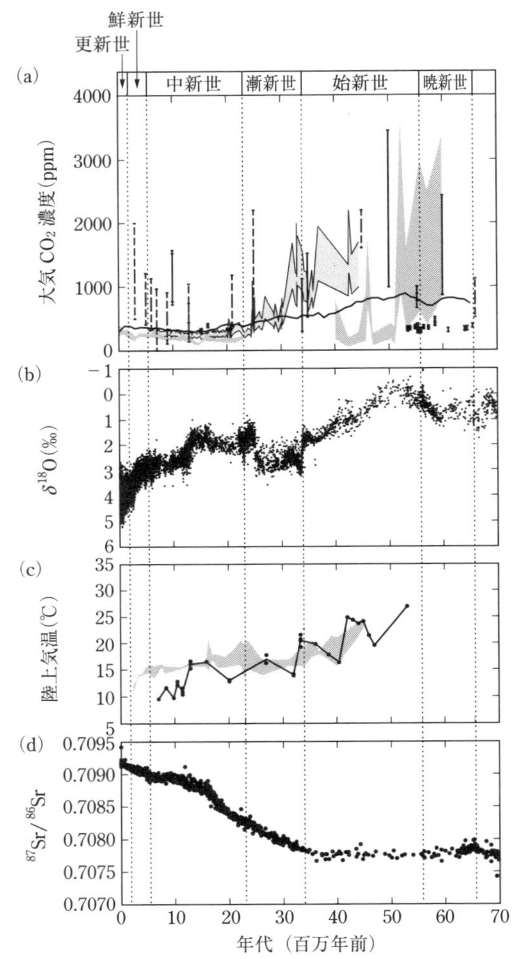

図 6.1　(a) グローバル炭素循環シミュレーション（実線），植物プランクトン（枠付きトーン領域；Pagani *et al.* 2005a），土壌炭酸塩（点線；Ekart *et al.* 1999），気孔密度（縦線；Retallack 2001；Royer *et al.* 2001），ホウ素同位体比（枠なしトーン領域；Demicco *et al.* 2003）に基づく大気 CO_2 濃度の推定値，(b) 有孔虫の酸素同位体比（$\delta^{18}O$）(Zachos *et al.* 2001)，(c) LMA（折れ線；Wolfe 1995）および共生法（トーン領域；Mosbrugger and Utescher 2005）による陸上気温，(d) ストロンチウム同位体比（$^{87}Sr/^{86}Sr$）(Veizer *et al.* 1999) の比較（柏木ほか 2008 を修正）。

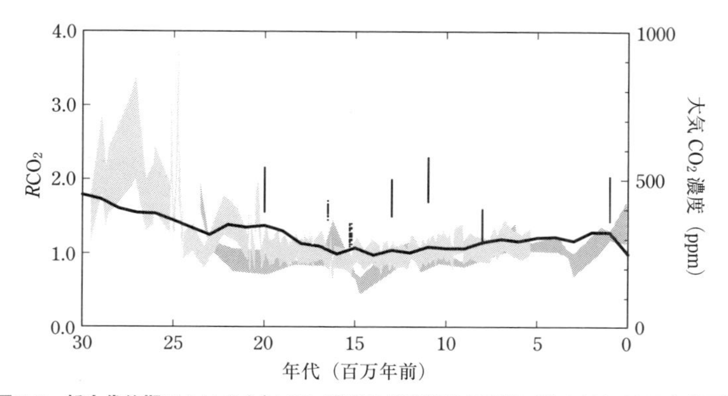

図 6.2 新生代後期における大気 CO_2 濃度の推定結果の比較（柏木ほか 2008 を修正）
太線はグローバル炭素循環モデルにより求められた新生代の大気 CO_2 濃度，濃いハッチはホウ素同位体比により求められた大気 CO_2 濃度（Pearson and Palmer 2000），薄いハッチはアルケノンの炭素同位体比（$\delta^{13}C$）により求められた大気 CO_2 濃度（Pagani *et al.* 2005a），実線の縦棒は植物プランクトンの炭素同位体比（$\delta^{13}C$）により求められた大気 CO_2 濃度（Freeman and Hayes 1992），点線の縦棒は気孔密度により求められた大気 CO_2 濃度（Royer 2003）を示す。

ただ，具体的な数値にはばらつきがある。気孔密度に基づく推定値はグローバル炭素循環モデルの結果に近いが，その他の方法では 1000 ppm を超えているものが多い。アルケノンによる推定では 2000 ppm，ホウ素同位体比に基づく推定では 4000 ppm 近くに達している時期もある。ただ，これらの推定では，CO_2 濃度が高い場合や古い時代において算出値に誤差が生じやすくなることが指摘されている（Royer *et al.* 2001；Lemarchand *et al.* 2002；Pagani *et al.* 2005b）。この点は加味しておくべきだが，少なくとも新生代前期（暁新世，始新世）における大気 CO_2 濃度は現代よりは高かった（Bijl *et al.* 2010）ということができる。

＜新生代後期＞

新生代後期（漸新世以降）をみると，モデルによる推定では，漸新世後期から中新世前期の大気 CO_2 濃度は高くなっている（図 6.1，6.3 参照）。一方，アルケノンやホウ素同位体による推定では，前期新生代ほどではないが CO_2 濃度は現代よりも高くなっている。とくに，中新世から現代までの大気 CO_2 濃度の変動をみると（図 6.2 参照），グローバル炭素循環モデルによる大気 CO_2 濃度

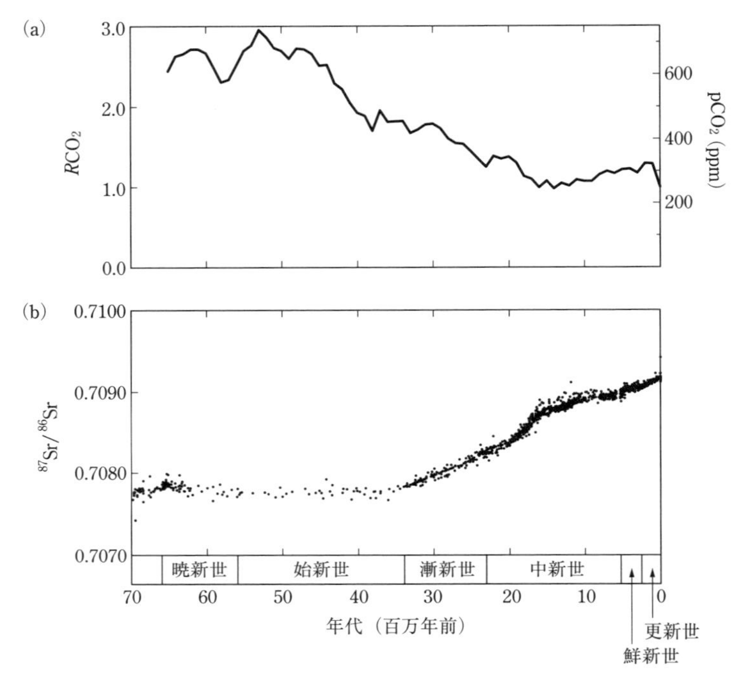

図 6.3　(a) グローバル炭素循環モデルにより求められた新生代の大気 CO_2 濃度と，(b) ストロンチウム同位体比（$^{87}Sr/^{86}Sr$）（Veizer *et al.* 1999）の比較

の推定値は現代とほとんど同じかそれよりも低く，これはアルケノンやホウ素同位体比による推定のように比較的時間分解能が高い（新生代後期では精度の高い）CO_2 推定値とかなりよく一致している。このことから，大気 CO_2 濃度は新生代全体にわたって徐々に減少していったのではなく，すでに中新世には現代とほぼ同じレベルまで低下していたということができる。

＜新生代後期の大気 CO_2 濃度の低下の原因＞

新生代後期において大気 CO_2 濃度が低かった原因は何か。この点につき，ヒマラヤ・チベット地域の隆起による風化の増大が指摘されている（Raymo *et al.* 1988；Raymo and Ruddiman 1992）。大陸の珪酸塩は一般的に高い Sr 同位体比を有し，これが風化して海洋に流入することにより海水 Sr 同位体比が上昇する。したがって，海水 Sr 同位体比の上昇は珪酸塩の風化の増大（とくにヒマラヤ・チベット地域の珪酸塩の風化量の増大）を表わし，ひいては大気 CO_2 濃度の低下を示しているという。実際，ヒマラヤ・チベット地域が上昇した新生代後期において，海水 Sr 同位体比は急激に上昇している（第 5 章の図 5.3 参照）。このような考えは，Raymo 仮説，隆起仮説などと呼ばれている。

ただ，この説には異論もある。ヒマラヤ・チベット地域のような造山帯には，変成作用によって生成した炭酸塩（変成炭酸塩）が広く分布している（Quade *et al.* 1997；Blum *et al.* 1998；Jasobson and Blum 2000）。変成炭酸塩を含む炭酸塩の風化は大気 CO_2 の正味の減少をもたらさないが，変成炭酸塩の Sr 同位体比自体は海成炭酸塩の Sr 同位体比よりも高い。したがって，変成炭酸塩が風化した場合，（珪酸塩の風化量が増加していなくても）海水 Sr 同位体比は上昇し，かつ大気 CO_2 濃度も変化しないという結果になる。結論として，海水 Sr 同位体比の変動を，珪酸塩の風化量や大気 CO_2 濃度の変動の指標としてみなすことはできないことになる。ここで，海水 Sr 同位体比の分析値と，グローバル炭素循環モデルによる大気 CO_2 濃度を比較してみると（図 6.3 参照），たしかに新生代後期における大気 CO_2 濃度の低下は，海水 Sr 同位体比の上昇と対応していない。

だとすると，新生代後期の海水 Sr 同位体比の上昇の要因は何か。これをシミュレーションに基づき検討することにする。ここで，上述した変成炭酸塩の影響は，第 5 章 5.2 節で説明した炭素循環－海水ストロンチウムの結合モデルで考慮されている。そこで，この炭素循環－海水ストロンチウムの結合モデルを用いて，海水 Sr 同位体比と，海洋への Sr のインプットのソースである大陸の Sr 同位体比との関係を見てみる。

図 6.4 は，(a) 上記結合モデルから求めた，ヒマラヤ・チベット地域以外（火山岩地域も除く）の地域の岩石の Sr 同位体比（$R^{S}_{W,OTHER}$），(b) Sr/Ca 比により求められた大陸岩石の Sr 同位体比（Lear *et al.* 2003），(c) 酸素同位体比 $\delta^{18}O$ の比較を示している。

ここで，図 6.4 の (b) の求め方について説明する。(b) の Sr 同位体比は，古海水の Sr/Ca（有孔虫殻の Sr/Ca 比）を用いて海水 Sr 同位体比の変動を表わす地球化学モデルにより求められている（Lear *et al.* 2003）。

このモデルでは，まず，海洋における $^{87}Sr/^{86}Sr$ の変動を次頁の式で表わす。

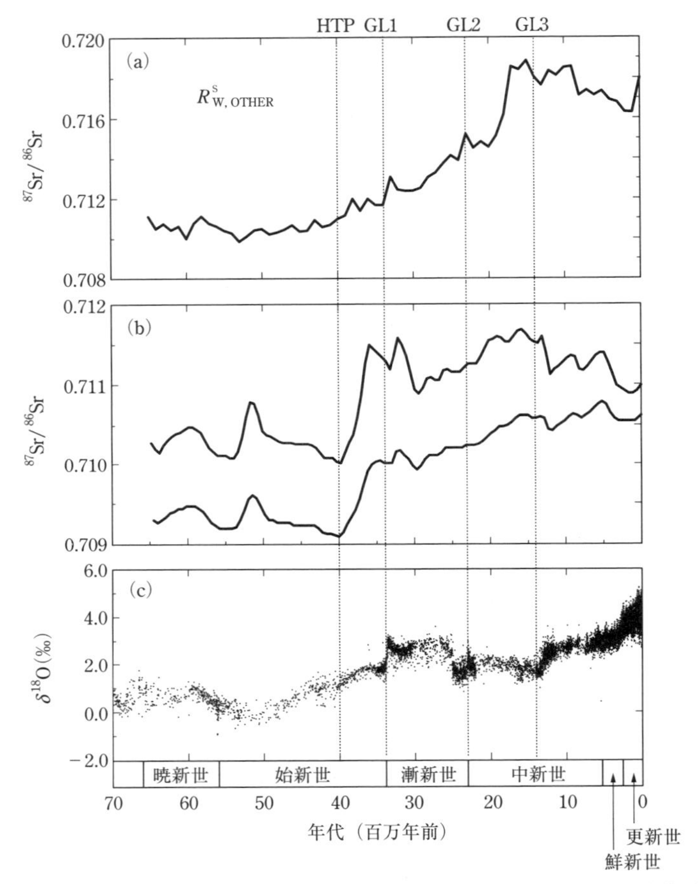

図 6.4　Sr 同位体比変動と酸素同位体比変動の比較（Kashiwagi *et al.* 2008 を修正）
(a) ヒマラヤ・チベット地域以外における珪酸塩の $^{87}Sr/^{86}Sr$，(b) Sr/Ca により求められた大陸岩石の $^{87}Sr/^{86}Sr$（Lear *et al.* 2003。上方が浅海の炭酸塩－海水間の分配係数が 0.5 の場合，下方が 0.3 の場合），(c) 酸素同位体比（$\delta^{18}O$）（Zachos *et al.* 2001a）の比較。HTP はヒマラヤ・チベット地域の上昇開始時期，GL1 は始新世／漸新世境界における氷河化，GL2 は漸新世／中新世境界における氷河化，GL3 は中期中新世における氷河化を示す。

$$NdR_{SW}/dt = JSr_{RIV}(R_{RIV} - R_{SW}) + JSr_{HYD}(R_{HYD} - R_{SW}) + JSr_{DIAG}(R_{DIAG} - R_{SW}) \quad (6\text{-}1)$$

ここで，N は海水中の Sr のモル数［約 1.25×10^{17} mol（Richter *et al.* 1992)］，

JSr_{RIV} は風化フラックス，JSr_{HYD} は熱水フラックス，JSr_{DIAG} は続成作用によるフラックス，R_{RIV} は海洋に流入する風化生成物の（大陸岩石の）Sr 同位体比（$^{87}Sr/^{86}Sr$），R_{HYD} は熱水の Sr 同位体比，R_{DIAG} は続成作用により海洋に入力される Sr の同位体比，R_{SW} は海水 Sr 同位体比（Veizer *et al.* 1999），t は時間である。なお，R_{SW} の現代値（過去約 250 万年における平均値）は 54×10^{-6}/Ma と推定されている（Hoddell *et al.* 1990）。

次に，海水中の Sr のモル数 N の変動は次のように表わされる。

$$dN/dt = JSr_{RIV} + JSr_{HYD} - JSr_{CARB} \tag{6-2}$$

ここで，JSr_{CARB} は海洋における炭酸塩の沈殿フラックスであり，具体的には次のように表わされる。

$$JSr_{CARB} = JCa_{SHELF}DSr_{SHELF}\,[Sr/Ca]_{SW} + JCa_{PELAGIC}DSr_{PELAGIC}\,[Sr/Ca]_{SW} \tag{6-3}$$

ここで，$[Sr/Ca]_{SW}$ は海水中の Sr/Ca（底生有孔虫の Sr/Ca 比），JCa_{SHELF} は大陸棚（浅海）における Ca の沈殿フラックス，$JCa_{PELAGIC}$ は遠洋における炭酸塩の沈殿フラックス（Opdyke and Wilkinson 1988）である。$DSr_{PELAGIC}$ は遠洋に沈殿する炭酸塩－海水間の分配係数であり，Lear *et al.*（2003）は 0.2 とした。DSr_{SHELF} は大陸棚（浅海）に沈殿する炭酸塩の分配係数であるが，この値は炭酸塩がアラゴナイトの場合とカルサイトの場合とで異なり（それぞれ 1.0 と 0.01），また両者の沈殿比率も時代によって異なるので，ここでは 0.3～0.5 の間の範囲が設定される（Lear *et al.* 2003）。

次に，海水中の Ca 濃度 [Ca] は次のように表わされる。

$$[Ca] = f_G\,[Ca]_{SW\text{-}0} \tag{6-4}$$

ここで，f_G は地殻生成速度（Engebreston *et al.* 1992），$[Ca]_{SW\text{-}0}$ は現代における海水中の Ca 濃度（10 mmol/kg）である。

以上に説明した式を解くことで，大陸風化の Sr フラックス（JSr_{RIV}）や大陸岩石の Sr 同位体比（R_{RIV}）［図 6.4(b)参照］を求めることができる。

図 6.4 をみると，新生代後期において $R^{S}_{W,OTHER}$ は，海水 Sr 同位体比のよう

に一貫して上昇することなく，変動しつつ上昇している。これは，Sr/Ca比により算出された大陸岩石のSr同位体比の変動と同様の傾向である。この点，Sr/Ca比により求めた大陸岩石のSr同位体比の上昇速度（グラフ上では傾き）は，$R^{S}_{W,OTHER}$の上昇速度よりも遅い。この理由は，Lear *et al.*（2003）がヒマラヤ・チベット地域とそれ以外の地域とを区別しておらず，ヒマラヤ・チベット地域とそれ以外の地域の平均的なSr同位体比が求められているためと考えられる。実際，ヒマラヤないしチベットの上昇開始時期とした40 Ma付近において，Sr/Ca比に基づくSr同位体比の上昇速度は本モデルによる上昇速度よりも極端に速くなっている。

さらに，モデルで興味深いのは，氷河化が進行したとされるE/O境界（GL1），漸新世／中新世境界（GL2），中期中新世（GL3）に，多少の時代のずれがあるものの，$R^{S}_{W,OTHER}$のピークがあることである。

新生代後期においてみられるこのような$R^{S}_{W,OTHER}$の挙動は，この時期の海水Sr同位体比の上昇が，ヒマラヤ・チベット地域の隆起のみによるものではないことを示唆している。とくに，氷河化のタイミングと$R^{S}_{W,OTHER}$との関係は，氷河化の進行と海水Sr同位体比の変動（上昇）とがリンクしていること（Armstrong 1971；Hodell *et al.* 1989；Capo and DePaolo 1990；Blum and Erel 1995, 1997；Zachos *et al.* 1999；Li *et al.* 2007）を示唆しているのかもしれない。氷河化が進行して氷床量が増加すると，海水準が低下して陸域面積が増加する。これにより，大陸の風化が増大し，海水Sr同位体比が上昇する。また，氷河の移動により岩石が砕屑され（物理的風化），新鮮な岩石（風化を受けやすい岩石）が露出し，その後，氷河が後退して温暖期（間氷期）に降水量が増えると，露出した岩石の風化が大量に起きる。シベリアや南極大陸といった高緯度地域には高いSr同位体比を有する岩石や鉱物（黒雲母など）が存在するので，このような岩石の風化により，海水Sr同位体比が大きく上昇する。Li *et al.*（2007）は，中国の黄土高原の黒雲母の分析に基づき，このような黒雲母の風化により過去3.4 Maにおける海水Sr同位体比の上昇を説明できるとし（**図6.5**），高いSr同位体比を有する黒雲母のような鉱物が選択的に風化することで，海水Sr同位体比が上昇しうることを示した。同様の指摘は，E/O境界（Zachos *et al.* 1999），中新世以降（Blum and Erel 1995；Blum and Erel 1997；Li

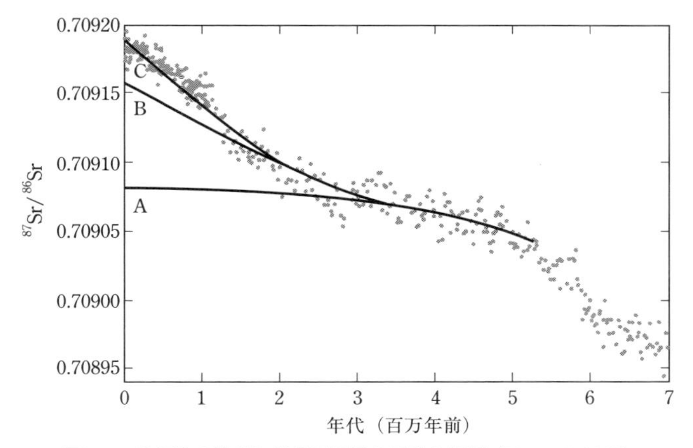

図 6.5 氷河化の進行に伴う黒雲母の風化の影響（Li *et al.* 2009）
A：氷河化に伴う黒雲母の風化量の増加を考慮しなかった場合の $^{87}Sr/^{86}Sr$，B：氷河化に伴う黒雲母の風化の Sr 同位体比の影響のみを考慮した場合の $^{87}Sr/^{86}Sr$，C：黒雲母の風化の Sr 同位体比およびフラックスの影響を考慮した場合の $^{87}Sr/^{86}Sr$。プロットは海水 Sr 同位体比（Farrel and Clemens 1995）。

et al. 2007)，更新世（Hoddell *et al.* 1990；Capo and DePaolo 1990）についてもなされている。このようなメカニズムにより，氷河期に $R^{S}_{W,OTHER}$ が上昇した（図 6.4 参照）と解することができる。なお，風化フラックスが増加しなくても，風化岩石の Sr 同位体比の上昇により海水 Sr 同位体比が上昇することは以前から指摘されている（Edmond 1992）。

このように，新生代における海水 Sr 同位体比の上昇は，ヒマラヤ・チベット地域に隆起に伴う風化だけではなく，他の影響を考える必要がある。ヒマラヤ・チベット地域の隆起の影響力は限定的であるといえる。実際，ヒマラヤ・チベット地域の河川は Sr 同位体比が高いといわれているが（Richter *et al.* 1992），これはガンジス，ブラマプトラ河にとくに顕著なものである。長江，メコン河のようなチベットを源流とする河川の Sr 同位体比はそれほど高くはなく（0.70888 ～ 0.72963），また風化による CO_2 のフラックスもそれほど多くないと思われる（**図 6.6**）。ただ，イラワディ河，サルウィン河といったチベットを源流とする一部の大河川に関しては，分析データがとくに不足しているという現状があるので，これは不確定要素として残っている。

海水 Sr 同位体比の上昇をヒマラヤ・チベット地域における風化量の増加と

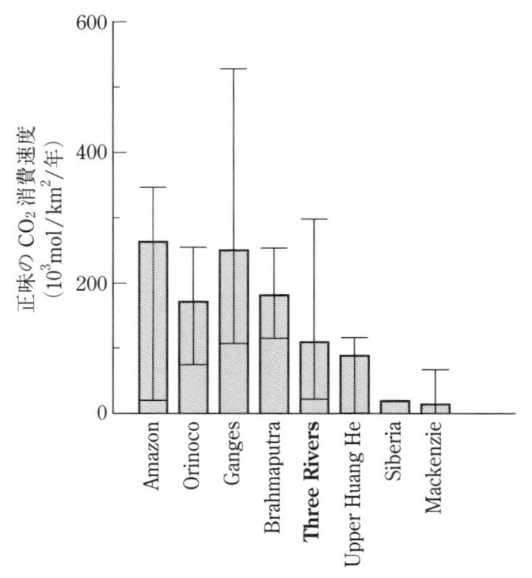

図 6.6　世界の主要河川流域における風化による CO_2 消費速度（Noh *et al.* 2009）
"Three Rivers" は長江，メコン河，サルウィン河の合計を示す。

結びつけることはできないとすると，新生代後期の大気 CO_2 濃度の減少も，海水 Sr 同位体比とは切り離して考えるべきである。新生代後期の大気 CO_2 濃度には，海水 Sr 同位体比曲線が示すような顕著な減少はなく，隆起仮説をストレートに受け入れることには慎重であるべきである。そして，この理由は，風化フィードバック（第1章 1.5 節参照）から説明することが可能であろう（Kump and Arthur 1997）。すなわち，ヒマラヤ・チベット地域で風化量が増加すると，同地域における大気 CO_2 が減少するが，CO_2 は大気中で短時間に（100 年以下）十分に混合し（モデルでいえば大気－海洋リザーバーが定常状態であるので），気温も全球的に減少する。そして，これに対して風化のフィードバックがはたらき，ヒマラヤ・チベット地域の風化の増大の効果が相殺される。つまり，ヒマラヤ・チベット地域の隆起に伴う風化（とくに珪酸塩の風化）の増大がただちに大気 CO_2 の減少と地球の寒冷化に結びつくわけではない。

このように，新生代後期における大気 CO_2 濃度の低下は，ヒマラヤ・チベット地域の隆起に伴う珪酸塩の風化の増大によってのみ説明することはできない。少なくとも，ヒマラヤ・チベット地域の隆起が第一義的な理由ではなく，たとえば，海洋環境の変化や，新生代前期に活発であった火成活動が減退していったことのほうが重要である可能性がある。

6.2　大気 CO_2 濃度と気候変動との関係

地質時代において，大気 CO_2 濃度の変動が地球環境を大きくコントロールしてきたことにほぼ異論はない（Berner *et al.* 1983；Berner 1991, 1994；Berner and Kothavala 2001）。しかし一方で，新生代を含む過去の地球環境変動において，大気 CO_2 濃度の変化では（少なくとも一見では）説明のつきにくい気候変動があることも指摘されている（Flower 1999；Veizer *et al.* 2000）。大気 CO_2 と気候変動との関係は，現代の「地球温暖化」とも関連しており，地球科学分野においてきわめて関心の高い事項である。そこで本節でも，新生代における大気 CO_2 の変動と気候変動の関係について，グローバル炭素循環モデルやプロキシの結果を用いつつ，考えてみることにする。

図 6.7 は，グローバル炭素循環モデルにより求められた大気 CO_2 濃度の変化と全球平均気温，さらに底生有孔虫の酸素同位体比（Zachos *et al.* 2001a）との比較を示している。また，**図 6.8** は，グローバル炭素循環モデルにより求められた大気 CO_2 濃度の変化および全球平均気温，陸上気温の推定（Wolfe 1995）の比較を示している。

＜暁新世－始新世＞

暁新世－始新世の大気 CO_2 濃度や気温はともに高く，一方で，酸素同位体比は低い（図 6.7 および図 6.8 参照）。すなわち，この時期は全般に温暖であったといってまちがいないと思われる。また，両者の変動パターンもよく一致しており，具体的には始新世の前期において温暖のピークがあり，それ以降，緩やかに寒冷化している。なお，PETM は再現されていないが，この点はグローバル炭素循環モデルの時間分解能（百万年単位）が PETM の期間（数十万年）よりも長いことによるものである。

＜始新世／漸新世境界（E/O 境界）＞

始新世／漸新世境界（E/O 境界）は，南極に大陸氷床が出現するなど寒冷化が顕著であった時期である（EOCT）。アルケノンによる推定（図 6.1 参照）

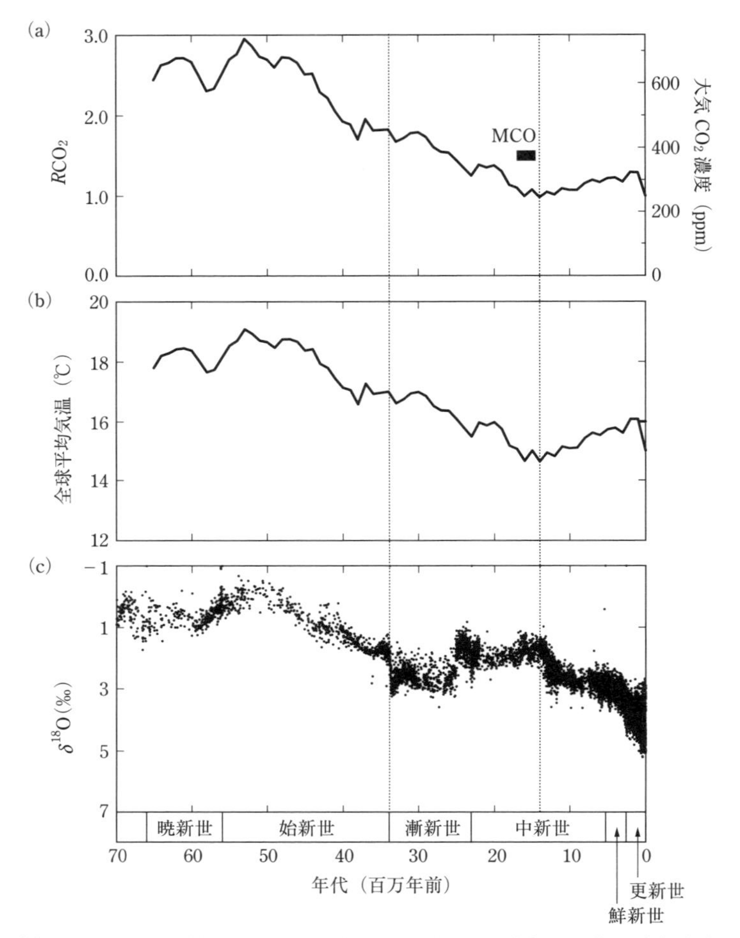

図 6.7　(a) グローバル炭素循環モデルにより求められた新生代の大気 CO_2 濃度，(b) 全球平均気温，(c) 底生有孔虫の酸素同位体比（Zachos *et al.* 2001a）の比較

でも，大気 CO_2 濃度の明らかな減少が見られ，その他の推定でもデータ数は多くないものの，大気 CO_2 濃度は E/O 境界前よりも E/O 境界後のほうが全般的には低くなっている。しかし，グローバル炭素循環モデルでは，この時期の前後において大気 CO_2 濃度に大きな差異が見られず，気温の顕著な低下も見られない（図 6.7 および図 6.8 参照）。グローバル炭素循環モデルにおいて

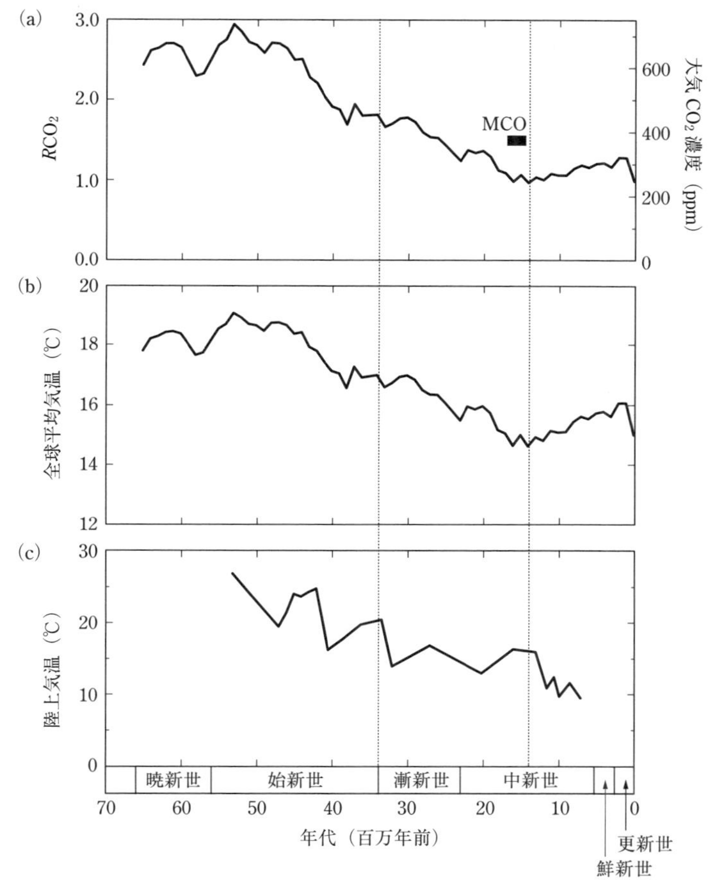

図 6.8 (a) グローバル炭素循環モデルにより求められた新生代の大気 CO_2 濃度，(b) 全球平均気温，(c) 北米の陸上気温（Wolfe 1995）の比較

EOCT のステップそのものが再現されないことは，その移行期間がモデルの時間分解能（タイムステップ）よりも短いため当然である。しかし，百万年以上の単位でみた場合には，計算される大気 CO_2 濃度は，E/O 境界の前後で異なるレベルを示しているはずである。ところが，図 6.7 と図 6.8 は必ずしもそのような結果を示していない。すなわち，グローバル炭素循環モデルにより求められる E/O 境界前後の大気 CO_2 濃度と気温変化は，その他のプロキシから

推定される気候変動と一致していない。この点は次節で詳しく検討する。

＜漸新世後期－中新世前期＞

漸新世後期から中新世前期は，一時的に温暖であったといわれている（Miller *et al.* 1991；Kaiho and Saito 1994）。図6.7と図6.8を見ても，大気 CO_2 濃度は現代よりも高くなっている。また，この時期は背弧海盆の拡大速度（第5章の図5.9参照）が速かった時期とも一致しているので，背弧海盆での火成活動がこの時期の温暖化に寄与している可能性がある。ただ，大気 CO_2 濃度の変動パターンをみると，陸上気温のそれとは類似しているが，酸素同位体比の変動パターンにはあまり一致していない。この点は，酸素同位体比は海水温だけでなく，氷床量や塩分濃度にも依存することを考慮すべきであろう。漸新世には南極に大規模な大陸氷床が出現し，また漸新世から中新世の間は氷床が発達と減退を繰り返していたといわれている（Miller *et al.* 1987）。このため，酸素同位体比は海水温の変動を正確に反映したものになっておらず，大気 CO_2 濃度の変動パターンと一致していない可能性がある。

＜中新世温暖極大期（MCO）＞

中新世温暖極大期（MCO）のシグナルは，酸素同位体比や陸上気温に現われているが，グローバル炭素循環モデルによるこの時期の大気 CO_2 濃度は低い状態のままである（図6.7および図6.8参照）。MCOの期間は数百万年にわたるので，PETMのように時間分解能のためにMCOが再現されていないと断言することはできない。なお，図6.2に示したように，アルケノンに基づく大気 CO_2 濃度の推定にはピークが認められないので，MCOは大気 CO_2 濃度の上昇によるものではないとの説もある（Pagani *et al.* 1999a；Flower 1999）。ただ，40以上のプロキシ研究をコンパイルして得られた大気 CO_2 濃度の推定をみると（**図6.9**），MCOに対応する時期には明らかにピークが見られる。

MCOの原因については，背弧海盆における熱水活動によるという考えがある（Shikazono 1998）。MCOの時期に急速に拡大した背弧海として日本海が知られているが，背弧海盆の拡大のパラメータとしてモデルで採用したKaiho and Saito（1994）のデータ（第5章の図5.9参照）では，各背弧海盆は一定速度で拡大したと仮定されている。本モデルにおいて大気 CO_2 濃度のピークが見られないのは，この点に原因があるのかもしれない。すなわち，海洋底の拡大

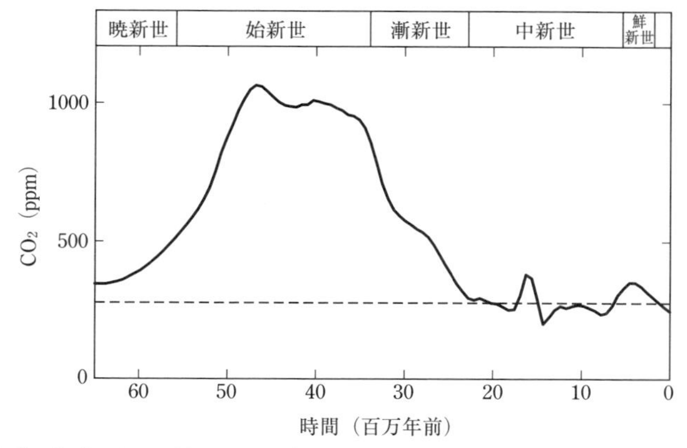

図 6.9　さまざまなプロキシの結果をコンパイルして得られた新生代における大気 CO_2 濃度の変動
（Royer *et al.* 2012）

速度は一定ないし連続的に増減するものではなく（Cande *et al.* 1988 など），これは海嶺と同じ海底熱水系である背弧海盆でも同様であると思われる。上記の Kaiho and Saito（1994）のデータの時間分解能が十分でなく，日本海の本来の活動ピークがデータの中に埋没している可能性がある。

また，背弧海盆における熱水の CO_2 濃度が海盆によって大きく異なる点も重要である。Shikazono（1999）および Kashiwagi and Shikazono（2003）は，背弧海盆における熱水の CO_2 濃度が各地域のサイトで異なることを指摘し，現代における背弧海盆の熱水フラックスが $0.56 \sim 1.88 \times 10^{18}$ mol/Ma の推定範囲を有するとしている（なお，第 5 章 5.1 節で求めた $F_{BAB}{}^*$ の値（7.1×10^{17} mol/Ma）はこの範囲内にあることを付言しておく）。ここで，この範囲で $F_{BAB}{}^*$ を変化させて計算した場合のグローバル炭素循環モデルの計算結果を**図 6.10** に示す。$F_{BAB}{}^*$ の値によって，RCO_2 の値は前期新生代では 1 PAL 近く異なっていることがわかる。このことから，MCO における大気 CO_2 濃度をより正確に推定するためには，各背弧系の熱水組成を明らかにし，これにより背弧海盆からの熱水フラックスを正確に推定することが必要であることがわかる。

MCO の原因は，島弧での火成活動による大気 CO_2 濃度の増加であるとする

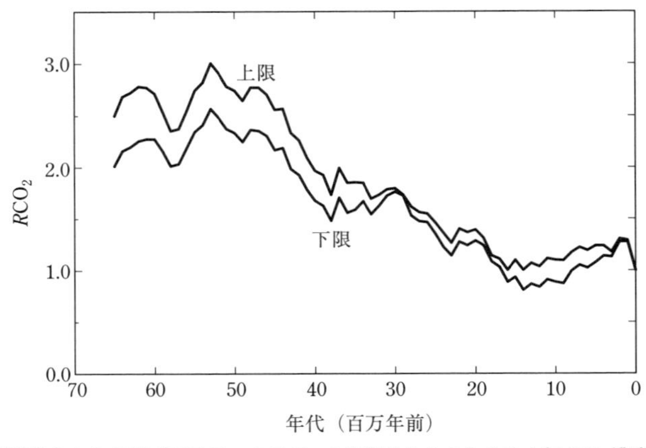

図 6.10　背弧海盆からの脱ガスフラックス F_{BAB}* を変化させたときの大気 CO_2 濃度の変動範囲

考えもある（Coffin and Eldholm 1993；Camp 1995；Hooper 1997；Hooper *et al.* 2002）。**図 6.11** は，環太平洋地域での火成岩の放射年代測定の結果を示しているが，これによると，MCO の時期において火成活動がとくに活発であったことがわかる。グローバル炭素循環モデルでは，沈み込み帯での火成活動のパラメータとして，海洋底拡大速度や海洋プレートの生成速度，プレートの沈み込み速度などが用いられている。しかし，これらのデータの時間分解能は MCO の期間よりも長い（10 Ma 以上）。環太平洋火山帯における火山の数は地球全体の 62% を占めるので，MCO の時期におけるこれらの火山活動がモデルの計算結果に十分に反映されていない可能性がある。また，たとえば，大気 CO_2 濃度の変動とコロンビア川洪水玄武岩の噴出量の変動を比較すると（第4章の図 4.13 参照），大気 CO_2 濃度が 17 〜 14 Ma にピークを有し，その後，急激に減少しているが，この変動パターンは，コロンビア川洪水玄武岩地域の火成活動とその後の玄武岩の大量風化というプロセス（Hodell and Woodruff 1989；Taylor and Lasaga 1999）とも調和的である（Foster *et al.* 2012）。グローバル炭素循環モデルとの関係では，環太平洋火山帯での火成活動をパラメータ化する手法の開発が必要と思われる。

＜中期中新世以降＞

中期中新世における寒冷化（MMCT）は，酸素同位体比や中緯度の陸上気温

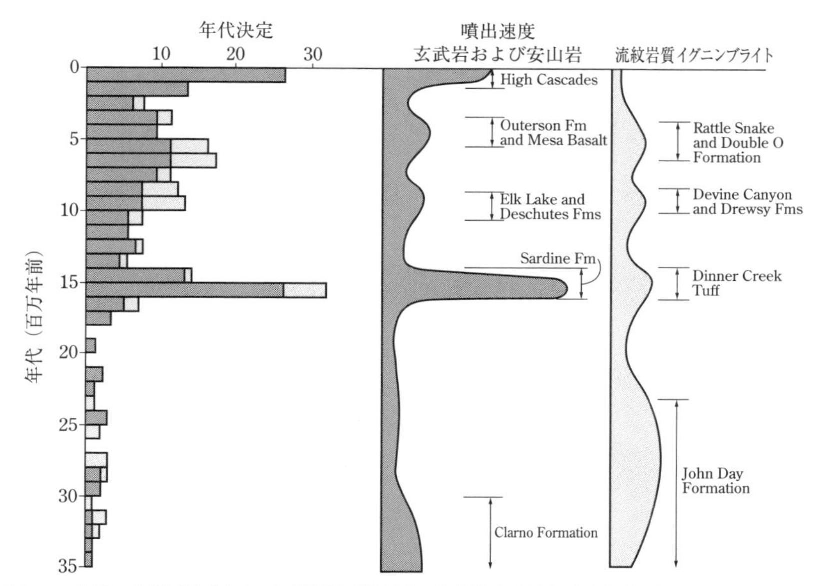

図 6.11　中期－後期新生代における環太平洋地域の火山岩噴出量と噴出年代（Kennett *et al.* 1977）

のプロキシには顕著に現われている（図 6.7 および図 6.8 参照）。これに対してモデルの計算結果では，大気 CO_2 濃度や気温（全球平均気温）はやや低くなっているものの，大気 CO_2 が「減少」しているわけではない。ただ，この時期に埋没フラックスがピークになっているので（**図 6.12**），モデルの結果はいわゆるモンテレー仮説とは調和的である。しかし，中期中新世以降の大気 CO_2 濃度と気温は，グローバル炭素循環モデルとプロキシとで大きく異なっている。酸素同位体比や陸上気温から推定される寒冷化とは異なり，モデルでは大気 CO_2 濃度や気温の低下が見られず，現代と同じレベルで推移している。この点の不一致は，E/O 境界での大気 CO_2 濃度と温度変化の関係に類似している。なお，プロキシとグローバル炭素循環モデルの結果をみると，大気 CO_2 濃度や陸上気温は，鮮新世のやや高い状態から現代まで減少しているとみることもできるが（図 6.2 参照），とくにグローバル炭素循環モデルではシグナルがあまり明確ではないため，両者の傾向が一致しているとまでは言いにくい。

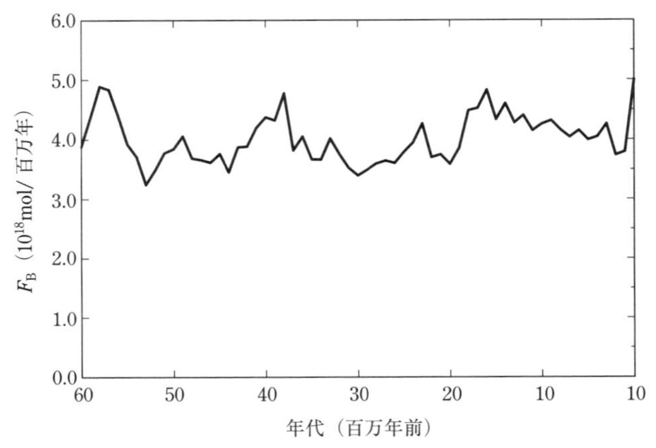

図 6.12　グローバル炭素循環モデルにより求められた有機炭素の埋没フラックス F_B の変動

6.3　グローバル炭素循環モデルの問題点

グローバル炭素循環モデルにより計算された大気 CO_2 濃度変化は，おおよその傾向においてプロキシから推定される気候変動と対応していたが，E/O 境界における寒冷化（EOCT）や，中期中新世における寒冷化（MMCT）とは明らかに対応していない。これはどのような理由によるのであろうか。本節では，新生代の寒冷化の原因に着目しながら，モデルの問題点や改良すべき点について議論する。

6.3.1　古地理学的問題

E/O 境界および中期中新世の寒冷化は，海洋環境の変化による温度分布（水温，気温分布）の変化が影響しているといわれている（第4章参照）。すなわち，始新世前期の低緯度地域の温度は現代よりも温暖であり（Pearson *et al.* 2007），始新世前期の地球は緯度方向の温度勾配が小さく，とくに北極海や中緯度は現代よりも温暖であった（Sluijs *et al.* 2007, 2008）。しかし，その後，ドレーク海峡やタスマン海峡の成立により環南極海流（ACC）が形成されるなどして緯度方向の熱輸送が阻害され（Keller *et al.* 1987），南極大陸の熱的な孤立が引き起こされた（Savin *et al.* 1975）。これにより緯度方向の温度勾配が大きくなり（Shackleton and Kennett 1975），その結果，高緯度地域が寒冷化し，EOCT が引き起こされた。また，MMCT も，EOCT の場合と同様に，大陸氷床の形成に伴う緯度方向の温度勾配の増加があり，これにより高緯度地域の海洋環境が変化したことが原因ではないかと指摘されている（Woodruff and Savin 1989）。

このように，両者の寒冷化は，高緯度地域における顕著な温度低下と関連づけられている。そして，この寒冷化の引き金となっているのは，大陸の移動やそれに伴う氷床の形成などの古地理学的要因である。

ただ，ここで問題なのは上記の「寒冷化」の内容である。これらの寒冷化は，おもに有孔虫の酸素同位体比などのプロキシによって示唆されている。しかし，これらのプロキシは全球平均的な気候を表わしているとは限らない。つまり，高緯度地域で顕著に認められる新生代の寒冷化が，全球的な寒冷化にどの程度つながったといえるかをより厳密に考える必要がある。

そこで，この点について検証するため，高緯度地域の寒冷化を記録している有孔虫の酸素同位体比（$\delta^{18}O$）のデータを用いて，海洋全体の平均海水温の変化を求めてみる（Kashiwagi and Shikazono 2003）。

この計算では，全球を，熱帯地域（緯度 0 ～ 10°），低緯度地域（10 ～ 20°），中緯度地域（20 ～ 40°），高緯度地域（40 ～ 60°），極地域（60 ～ 90°）の 5 つの緯度方向の地域（ベルト）に分割し，これらの地域の海水温から，海洋全体の表面海水温（平均海水温）を以下のようにして求める。

$$T_{\mathrm{mean}} = \frac{S_{\mathrm{t}}T_{\mathrm{t}} + S_{\mathrm{l}}T_{\mathrm{l}} + S_{\mathrm{m}}T_{\mathrm{m}} + S_{\mathrm{h}}T_{\mathrm{h}} + S_{\mathrm{p}}T_{\mathrm{p}}}{S_{\mathrm{t}} + S_{\mathrm{l}} + S_{\mathrm{m}} + S_{\mathrm{h}} + S_{\mathrm{p}}} \tag{6-5}$$

ここで，T_{mean} は海洋全体の表面海水温（平均海水温），T_{t} は熱帯地域の表面海水温，T_{l} は低緯度地域の表面海水温，T_{m} は中緯度地域の表面海水温，T_{h} は高緯度地域の表面海水温，T_{p} は極地域の表面海水温である。また，S_i は各地域における表面積である。

式（6-5）は，酸素同位体比に基づき推定されている各地域の海水温のデータ（Savin *et al.* 1975；Miller *et al.* 1991；Shackleton 1984；Shackleton and Kennett 1975；Savin *et al.* 1975）を総計することで，平均海水温を計算している。

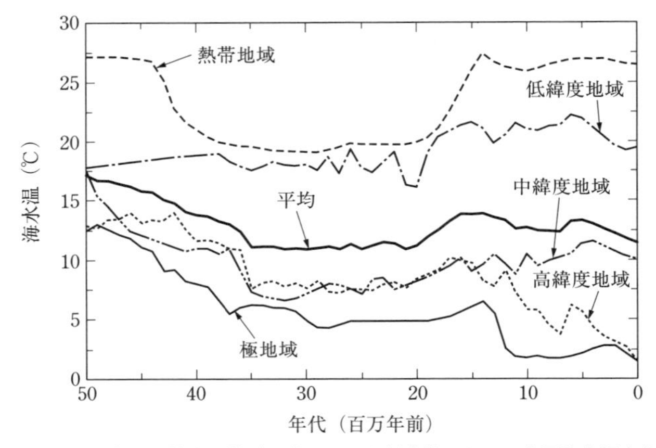

図 6.13　酸素同位体比に基づき求められた新生代における表層海水温変化
(Kashiwagi and Shikazono 2003)
熱帯地域（0 ～ 10°）における表層海水温，低緯度地域（10 ～ 20°）における表層海水温，中緯度地域（20 ～ 40°）における表層海水温，高緯度地域（40 ～ 60°）における表層海水温，極地域（60 ～ 90°）における表層海水温，および平均表層海水温。

図 6.13 に T_{mean} の計算結果を示した。図に示すように，高緯度地域における海水温（T_{p} や T_{h}）は E/O 境界や中期中新世で急激に減少しているが，低緯度地域の海水温（T_{t} や T_{l}）はそのようになっていない。また，T_{mean} は，E/O 境界や中期中新世の前後であまり変化していない。これが気温の変動についてもあてはまるとすれば，高緯度地域が寒冷化しても，全球平均気温はあまり影響を受けないということができる。つまり，氷河化の進行により高緯度地域で気温が低下しても，全球平均気温は結果としてそれほど低下しないということができる。これはまさに，グローバル炭素循環モデルの結果と調和的である。

ただ，この計算は，表面海水温と表層気温が連動していることを前提としている。大気と海洋の間では実際にはつねに熱の交換があり，また，海洋の熱容量は大気のそれよりもはるかに大きいので，実際の表層海水温の変動は表層気温をそのまま反映しているとは限らない。また，新生代では海流の循環様式が大きく変化したので，これにより表層と深層の間の温度分布（熱分布）が変化した可能性もある。本計算はそれらを考慮しておらず，また，そのような計算を行なえるほどに古海洋のデータがないのが現状でもある。ただ，多くの研究が，前期新生代においては低緯度地域と高緯度地域の温度差が比較的小さかったという報告をしており（Pearson *et al.* 2007；Bijl *et al.* 2009；Hollis *et al.* 2009 など），これは本計算結果と調和的である。寒冷化により，高緯度地域が低緯度地域よりも寒冷化したことは確かであろう。

このようなことから，E/O 境界や中期中新世において，グローバル炭素循環モデルに大気 CO_2 濃度や全球平均気温の減少が見られなかったとしても，それは全球平均気温しか算出しないというモデルの設計上の制約に過ぎないということができる。つまり，グローバル炭素循環モデルが「誤った」気候復元をしているということにはならないといえる（Kashiwagi and Shikazono 2003）。グローバル炭素循環モデルの結果は，E/O 境界や中期中新世における寒冷化（EOCT および MMCT）の原因が高緯度地域の氷床の形成や海流の変化に起因するものだとする考えと矛盾するわけではない。グローバル炭素循環モデルの算出する結果はむしろ，プロキシが示唆する気候変動と調和的であるといえることになる。

とはいうものの，現状のグローバル炭素循環モデルは，上記 2 つの寒冷化を積極的に再現したということはできない。前述のように，グローバル炭素循環モデルは全球平均気温を算出するのであり，緯度方向の気温を算出する仕様にはなっていないからである。そこでこの点を克服すべく，現状で得られている地球科学データに基づき，緯度方向の温度分布を再現するグローバル炭素循環モデルを構築する方法が提案されている。そのひとつは，グローバル炭素循環モデルに，全球平均気温の算出式（たとえば Caldeira and Kasting 1992a）ではなく，緯度方向の気温分布を考慮する関係式を導入することである（Ikeda and Tajika 1999）。たとえば，Caldeira and Kasting（1992b）は次のような経験式を導いた。

$$-\frac{d}{dx}D(1-x^2)\frac{dT(x)}{dx}+I(\varphi,T)=QS(x)(1-a(T)) \quad (6\text{-}6)$$

$$I=A+BT \quad (6\text{-}7)$$

$$A=-326.4+9.161\varphi-3.164\varphi^2+0.5468\varphi^3 \quad (6\text{-}8)$$

$$B=1.953-0.04866\varphi+0.01309\varphi^2+0.02577\varphi^3 \quad (6\text{-}9)$$

ここで，D は緯度方向の熱輸送に関する係数（経験的に求められるパラメータ），x は緯度の正弦値（sin），$T(x)$ は緯度 x における表層の気温，I は地球系外への赤外放射，Q は入射フラックス，$a(T)$ は気温 T での惑星アルベド，$S(x)$ は緯度帯 x における放射フラックス，φ は $\ln(p/p_0)$，p は CO_2 分圧，p_0 は現代の CO_2 分圧（300 ppm）である。

式（6-6）～（6-9）を解く場合に重要なのは，D である。D は緯度方向の温度差を表わしているので，新生代を通じてその値は変化してきたと考えられる。したがって，D の時代変化は，酸素同位体比（$\delta^{18}O$）や Mg/Ca 比を用いて表わすことができる可能性がある。たとえば，複数の緯度帯における $\delta^{18}O$ や Mg/Ca（とくに Mg/Ca 比は氷床による影響が少ないので，良好な温度勾配の指標となりうる）を算出し，それらの変動から緯度方向の温度勾配の変動を求めて D とすることが考えられる。D を緯度ごとに異なる値にするか，もしくは緯度によらない定数にするかは，また別の問題として考える必要があるが，いずれにせよ，各時代における緯度方向の酸素同位体比や Mg/Ca 比の系統的なデータをそろえることで，緯度方向の温度分布を加味したグローバル炭素循環モデルを構築することは可能である。

また近年では，世界の古地理学データに基づき，GCM（General Circulation Model）を用いて気温を算出するモデル（GEOCLIM）が提案されている（Donnadieu *et al.* 2006；Goddéris *et al.* 2014）。GEOCLIM は，緯度方法および経度方向の各グリッドに設定した古地理学的データ（岩相データ）に基づき，各グリッドにおける風化量を求める。そして，この風化量と GEOCARB を結合して大気 CO_2 濃度や気温分布を求めるものである。これによれば，気温を全球的ではなく各地域ごと（グリッドごと）に求めることができる。ただ現状では，古地理学データ上の制約から時間分解能がやや低く（数十 Ma），また炭酸塩と珪酸塩の存在比が一定とされている。さらに，脱ガスフラックスが一定とされているなど新生代に適用する場合には課題はまだ多いが，今後の展開が注目されるモデルである。

6.3.2　新生代の寒冷化と気候フィードバックの変化

EOCT や MMCT において，氷床の大規模な形成があった。両者の因果関係

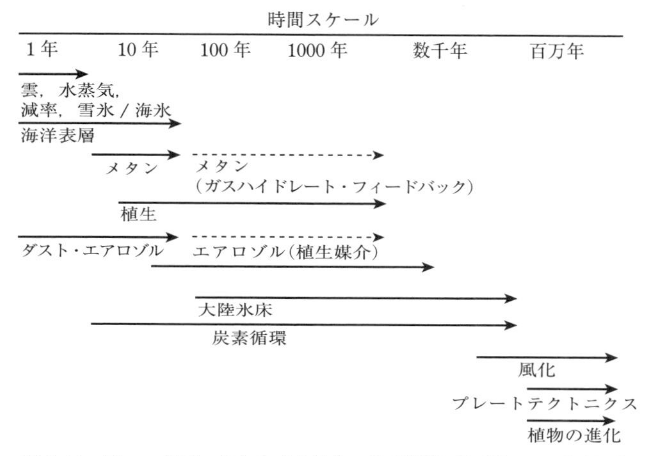

図 6.14　フィードバックとタイムスケールの関係（Rohling *et al.* 2012）

について議論があることは繰り返し述べたが，それとは別の問題として，氷床の形成により炭素循環システムが大きく変化した可能性が指摘されている。それが，気候フィードバックの変化に伴う炭素循環システムの変動である。

気候フィードバックの強さは，さまざまな気候因子によりコントロールされている（**図 6.14**）。たとえば，短いタイムスケール（数百年）では，大気中の水蒸気量，減率，雲量，海氷アルベドの変化に対する応答としてのフィードバックが重要であり（Charney *et al.* 1979），fast-feedback とも呼ばれる。一般的に，温暖化問題との関係で使用されるのはこのフィードバックである（Charney フィードバックともいう）。一方，fast-feedback よりも長い時間スケール（数千年単位以上）では，氷床量，陸域面積，植生の分布といった要素の変動も重要であり，このようなフィードバックは slow-feedback とも呼ばれる。グローバル炭素循環モデルでは，このうち，アルベドに関するフィードバック，炭素循環にかかわるフィードバックである風化フィードバックや陸上植物によるフィードバックなどの気候フィードバックが考慮され，他の要素については現代と同じ条件としている（Caldeira and Kasting 1992a；Berner and Kothavala 2001）。

Lunt *et al.*(2010) は鮮新世における slow-feedback と fast-feedback を計算し，

前者の気候感度は約 4 K であり，後者の約 1.45 倍であると推定した。これは，両者が明らかに異なる強さをもつフィードバックであることを示している。さらに近年，slow-feedback と fast-feedback を同時に考慮した気候感度として，地球システム感度（earth system sensitivity；ESS）という概念が提案されている（Hansen *et al.* 2008；Lunt *et al.* 2010）。ESS は次式で表わすことができる（Royer *et al.* 2012）。

$$ESS = \frac{1.2}{1 - f_C + f_{NC}} \tag{6-10}$$

ここで，f_C は Charney フィードバック（fast-feedback），f_{NC} は Charney フィードバック以外のフィードバックである。ESS は対象期間が少なくとも 1000 年以上であり，地球の長期的な気候応答として用いることができる。

地質時代における ESS としては，たとえば Rohling *et al.*（2012）が，過去 6500 万年におけるプロキシから，新生代における ESS を 2.2 ～ 4.8 K（68% の信頼性）と推定した。また，Royer *et al.*（2012）は，白亜紀および新生代における ESS をプロキシの結果をコンパイルして求めた。その結果，氷河時代における ESS は 6 K 以上，無氷河時代における ESS は 3 K 以上と，氷河時代の ESS のほうが高かった。これは，地質時代の ESS は Charney フィードバックより高いという近年の見解（Hansen *et al.* 2008；Pagani *et al.* 2010；Rohling *et al.* 2012）と調和的である。これは，ESS が少なくとも Charney フィードバックとは異なるものであることを示すとともに，現代よりも温暖な時代，とくに無氷時代において，追加的なフィードバック機構がはたらいていたことを示唆している。これはたとえば，雲や，CO_2 以外の温室効果ガス（オゾン，メタン，窒素酸化物など）などの存在ではないかとされている（Royer *et al.* 2012）。

新生代は，始新世／漸新世境界や中期中新世境界における氷河化によって無氷河時代（ice-free world）から氷河時代（ice world）へと移行した時代であり，まさにこの ESS の変化が問題となる。しかしながら，無氷河時代における雲の挙動（Kump and Pollard 2008）や，CH_4 や N_2O のような温室効果ガスの影響（Beerling *et al.* 2011）は現状ではよくわかっていない。このため，グローバル炭素循環モデルでも，無氷河時代における CO_2 以外の温室効果ガスや雲によるフィードバックについて考慮されていない。ただ，もしこれらの要素により気候フィードバック（ESS）が無氷河時代と氷河時代とで大きく変わったとすれば，炭素循環システムに重大な変化が生じたはずである。したがって，現代とは異なる無氷河時代の気候フィードバックについて明らかにする必要性が高い。そして，もしそれをグローバル炭素循環モデルに組み込むことができれば，そのグローバル炭素循環モデルは，新生代における無氷時代から氷河時代への移行プロセスを，より正確に再現する可能性をもつことになるだろう。

6.4 本章のまとめ

- 新生代前期の大気 CO_2 濃度は，プロキシやグローバル炭素循環モデルの間で具体的な数値にばらつきがあるものの，現代の大気 CO_2 濃度よりは明らかに高い。
- プロキシやグローバル炭素循環モデルの計算結果によれば，新生代後期（とくに中新世以降）の大気 CO_2 濃度は新生代前期よりも低く，現代と同程度の値である。
- 大気 CO_2 濃度が新生代後期に全体として低かった原因として，ヒマラヤ・チベットの隆起に伴う風化量の増大があげられているが，グローバル炭素循環モデルや海水 Sr 同位体比に関するモデルの結果からは，そのような結論は得られない。他の原因，たとえば海洋環境の変化や，火成活動が全体として低下したことのほうが重要であると考えられる。
- 前期－中期中新世における温暖期（MCO）は，プロキシのデータからは明らかであるが，グローバル炭素循環モデルでは十分に復元されない。この点は，同時期に活発であったと考えられる背弧海盆や，環太平洋火山帯における火成活動の検討がいまだ不十分であることが考えられる。
- 新生代における急激な寒冷化のステップが始新世／漸新世境界（E/O 境界）や中期中新世にあった（EOCT，MMCT）ことが，プロキシにより明らかにされている。しかし，グローバル炭素循環モデルは，このシグナルを再現していない。その理由は，現状のグローバル炭素循環モデルの多くが，古地理学的要因を十分考慮しきれていないことによる。すなわち，上記の寒冷化はとくに高緯度地域で顕著であったものの同規模の寒冷化を全球にもたらすものではなかったために，全球パラメータしか算出しないグローバル炭素循環モデルではそれが結果となって表われないだけであり，それゆえ，モデルの結果がプロキシと矛盾するわけではないということである。ただ，かかる観点からは，緯度方向のエネルギーバランスや大陸移動などを考慮した，より詳細な（1次元以上の）モデルを構築していく必要がある。すなわち，古地理学的要因をより詳細に考慮したモデルが必要であるといえる。

- 現状のグローバル炭素循環モデルで十分に考慮されていない他の重要な要素として，気候フィードバックがある。とくに地球システム感度（ESS）の観点からみると，地球が無氷河時代から氷河時代に移行する際には，気候フィードバック（たとえば雲や CO_2 以外の温室効果ガスによる正のフィードバック）に重大な変化があった可能性がある。このような気候フィードバックの変化を明らかにし，これをグローバル炭素循環モデルに組み込むことができれば，そのグローバル炭素循環モデルは新生代の炭素循環の変化をより正確に再現することができる可能性がある。

参考文献

Abe-Ouchi, A., Blatter, H., 1993. On the initiation of ice sheets. *Annals of Glaciology*, **18**, 203–207.

Aiuppa, A., Allard, P., D'Alessandro, W., Michel, A., Parello, F., Treuil, M., Valenza, M., 2000. Mobility and fluxes of major, minor and trace metals during basalt weathering and groundwater transport at Mt. Etna volcano (Sicily). *Geochimica et Cosmochimica Acta*, **64**, 1827–1841.

Algeo, T.J., Berner, R.A., Maynard, J.B., Scheckler, S.E., 1995. Late Devonian oceanic anoxic events and biotic crises: "Rooted" in the evolution of vascular land plants. *GSA Today*, **5**, 64–66.

Allard, P., Jean-Baptiste, P., D'Alessandro, W., Parello, F., Parisi, B., Flehoc, C., 1997. Mantle-derived helium and carbon in groundwaters and gases of Mount Etna, Italy. *Earth and Planetary Science Letters*, **148**, 501–516.

Amoitte Suchet, P., Probst, J.L., 1995. A global model for present-day atmospheric/soil CO_2 consumption by chemical erosion of continental rocks (GEM - CO_2). *Tellus B*, **47**, 273–280.

Amiotte Suchet, P., Probst, J.L., Ludwig, W., 2003. Worldwide distribution of continental rock lithology: Implications for the atmospheric/soil CO_2 uptake by continental weathering and alkalinity river transport to the oceans. *Global Biogeochemical Cycles*, **17**, 1038, doi:10.1029/2002GB001891, 2.

Andrews, J.A., Schlesinger, W.H., 2000. Soil CO_2 dynamics, acidification and chemical weathering in a temperate forest with experimental CO_2 enrichment. *Global Biogeochemical Cycles*, **15**, 149–162.

Armstrong, R.L., 1971. Global erosion and the variable isotopic composition of strontium in sea water. *Nature*, **230**, 132–133.

Axelrod, D.I., Baily, H.P., 1969. Paleotemperature analysis of Tertiary floras. *Palaeogeography, Palaeoclimatology, Palaeoecology*, **6**, 163–195.

Banner, J.L., 2004. Radiogenic isotopes: systematics and applications to earth surface processes and chemical stratigraphy. *Earth-Science Reviews*, **65**, 141–194.

Barron, E.J., Sloan, J.L.II., Harrison, C.G.A., 1980. Potential significance of land-sea distribution and surface albedo variations as a climatic forcing factor: 180 m.y. to the present. *Paleogeography, Palaeoclimatology, Palaeoecology*, **30**, 17–40.

Basu, A., Jacobson, S.B., Poreda, R.J., Dowling, C.B., Aggarwal, P.K., 2001. Large Groundwater Strontium Flux to the Oceans from the Bengal Basin and the Marine Strontium Isotope Record. *Science*, **293**, 1470–1473.

Bailey, D.K., Hampton, C.M., 1990. Volatiles in alkaline magmatism. *Lithos*, **26**, 157–165.

Balter, V., Lécuyer, C., Barrat, J.A., 2011. Reconstructing seawater Sr/Ca during the last 70 My using fossil fish tooth enamel. *Palaeogeography, Palaeoclimatology, Palaeoecology*, **310**, 133–138.

Beerling, D.J., Royer, D.L., 2002. Reading a CO_2 signal from fossil stomata. *New Phytologist*, **153**, 387–397.

Beerling, D.J., Fox, A., Stevenson, D.S., Valdes, P.J., 2011. Enhanced chemistry-climate feedbacks in past greenhouse worlds. *Proceedings of the National Academy of Sciences*, **108**, 9770–9775.

Berner, R.A., 1982. Burial of organic carbon and pyrite sulfur in the modern ocean: its geochemical and environmental significance. *American Journal of Science*, **282**, 451–473.

Berner, R.A., 1990. Atmospheric CO_2 levels over Phanerozoic time. *Science*, **249**, 1382–1386.

Berner, R.A., 1991. A model for atmospheric CO_2 over phanerozoic time. *American Journal of Science*, **291**, 339-376.

Berner, R.A., 1994. GEOCARB II: A revised model of atmospheric CO_2 over Phanerozoic time. *American Journal of Science*, **294**, 56-91.

Berner, R.A., 1999. A new look at the long-term carbon cycle. *GSA Today*, **9**, 1-6.

Berner, R.A., 2004. The Phanerozoic Carbon Cycle: CO_2 and O_2. Oxford University Press, Oxford, 150p.

Berner, R.A., 2006. Inclusion of the weathering of volcanic rocks in the GEOCARBSULF model. *American Journal of Science*, **306**, 295-302.

Berner, E.K., Berner, R.A., 1984. The Natural Water Cycle: Water and Major Elements, New York, Prentice-Hall.

Berner, R.A., Raiswell, R., 1984. Burial of organic carbon and pyrite sulfur in sediments over Phanerozoic time: a new theory. *Geochimica et Cosmochimica Acta*, **47**, 855-862.

Berner, R.A., Canfield, D.E., 1989. A new model for atmospheric oxygen over Phanerozoic time. *American Journal of Science*, **289**, 333-361.

Berner, R.A., Rye, D.M., 1992. Calculation of the Phanerozoic strontium isotope record of the Oceans from a carbon cycle model. *American Journal of Science*, **292**, 136-148.

Berner, R.A., Kothavala, Z., 2001. GEOCARB III: A revised model of atmospheric CO_2 over Phanerozoic time. *American Journal of Science*, **301**, 182-204.

Berner, R.A., Lasaga, A.C., Garrels, R.M., 1983. The carbonate-silicate geochemical cycle and its effect on atmospheric carbon dioxide over the past 100 million years. *American Journal of Science*, **283**, 641-683.

Bidigare, R.R., Flueffe, A., Freeman, K.H., Hanson, K.L., Hayes, J.M., Hollander, D., Jasper, J.P., King, L.L., Laws, E.A., Milder, J., Millero, F.J., Pancost, R., Popp, B.N., Steinberg, P.A., Wakeham, S.G., 1997. Consistent fractionation of ^{13}C in nature and in the laboratory: growth-rate effects in some haptophyte algae. *Global Biogeochemical Cycles*, **11**, 279-292.

Bickle, M.J., Chapman, H.J., Bunbury, J., Harris, N.B.W., Fairchild, I.J., Ahmad, T., Pomièr, C., 2005. Relative contributions of silicate and carbonate rocks to riverine Sr fluxes in the headwaters of the Ganges. *Geochimica et Cosmochimica Acta*, **69**, 2221-2240.

Bidoglio, G., Stumm, W., 1994. Chemistry of Aquatic Systems - Local and Global Perspectives. Kluwer Academic Publishers.

Bijl, P.K., Schouten, S., Sluijs, A., Reichart, G.J., Zachos, J.C., Brinkhuis, H., 2009. Early Palaeogene temperature evolution of the southwest Pacific Ocean. *Nature*, **461**, 776-779.

Bijl, P.K., Houben, A.J., Schouten, S., Bohaty, S.M., Sluijs, A., Reichart, G-J., Damsté, S.S.S., Brinkhuis, H., 2010. Transient Middle Eocene atmospheric CO_2 and temperature variations. *Science*, **330**, 819-821.

Billups, K., Schrag D.P., 2002. Paleotemperatures and ice volume of the past 27 Myr revisited with paired Mg/Ca and $^{18}O/^{16}O$ measurements on benthic foraminifera. *Paleoceanography*, **17**, 3-1-3-11.

Birchfield, G.E.,Weertman, J., Lunde, A.T., 1982. A model study of the role of high latitude topography in the climatic response to orbital insolation anomalies. *Journal of Atmospheric Science*, **39**, 71-87.

Blum, J.D., Erel, Y., 1995. Silicate weathering mechanism linking increases in marine $^{87}Sr/^{86}Sr$ with global glaciation. *Nature*, **373**, 415-418.

Blum, A.E., Stillings, L.L., 1995. Feldspar dissolution kinetics. *Reviews in Mineralogy and*

Geochemistry, **31**, 291–351.

Blum, J.D., Erel, Y., 1997. Rb-Sr isotope systematics of a granitic soil chronosequence: The importance of biotite weathering. *Geochimica et Cosmochimica Acta*, **61**, 3193–3204.

Blum, J.D., Gazis, C.A., Jacobson, A., Chamberlain, C.P., 1998. Carbonate versus silicate weathering on the Raikhot watershed within the High Himalayan Crystalline Series. *Geology*, **26**, 411–414.

Bluth, G.J.S., Kump, L.R., 1991. Phanerozoic paleogeology. *American Journal of Science*, **291**, 284–308.

Bluth, G.J.S., Kump, L.R., 1994. Lithologic and climatologic controls of river chemistry. *Geochimica et Cosmochimica Acta*, **58**, 2341–2359.

Bohaty, S.M., Zachos, J.C., 2003. Significant Southern Ocean warming event in the late middle Eocene. *Geology*, **31**, 1017–1020.

Bohaty, S.M., Zachos, J.C., Florindo, F., Delaney, M.L., 2009. Coupled greenhouse warming and deep-sea acidification in the Middle Eocene. *Paleoceanography*, **24**, 16pp. doi:10.1029/2008PA001676.

Boucot, A.J., Gray, J., 2001. A critique of Phanerozoic climatic models involving changes in the CO_2 content of the atmosphere. *Earth-Science Reviews*, **56**, 1–159.

Brady, P.V., Gislason, S.R., 1997. Seafloor weathering controls on atmospheric CO_2 and global climate. *Geochimica et Cosmochimica Acta*, **61**, 965–973.

Bralower, T.J., Zachos, J.C., Thomas, E., Parrow, M., Paull, C.K., Kelly, D.C., Premoli-Silva, I., Sliter, W.V., Lohmann, K.C., 1995. Late Paleocene to Eocene paleoceanography of the equatorial Pacific Ocean: stable isotopes recorded at Ocean Drilling Program Site 865, Allison Guyot. *Paleoceanography*, **10**, 841–865.

Bralower, T.J., Thomas, D.J., Zachos, J.C., Hirschmann, M.M., Röhl, U., Sigurdsson, H., Thomas, E., Whitney, D.L., 1997. High-resolution records of the late Paleocene thermal maximum and circum-Caribbean volcanism: Is there a causal link? *Geology*, **25**, 963–967.

Brassell, S.C., Eglinton, G., Marlowe, I.T., Pflaumann, U., Sarnthein, M., 1986. Molecular stratigraphy: a new tool for climatic assessment. *Nature*, **320**, 129–133.

Brass, G.W., 1976. The variation of the marine $^{87}Sr/^{86}Sr$ ratio during Phanerozoic time: interpretation using a flux model. *Geochimica et Cosmochimica Acta*, **40**, 721–730.

Brierley, C.M., 2009. Greatly expanded tropical warm pool and weakened Hadley circulation in the early Pliocene. *Science*, **323**, 1714–1718.

Budyko, M.I., Ronov, A.B., 1979. Chemical evolution of the atmosphere in the Phanerozoic. *Geochemistry International*, **16**, 1–9.

Burke, W.H., Denison, R.E., Hetherington, E.A., Koepnick, R.B., Nelson, H.F., Otto, J.B., 1982. Variation of seawater $^{87}Sr/^{86}Sr$ throughout Phanerozoic time. *Geology*, **10**, 516–519.

Böhme, M., 2003. The Miocene Climatic Optimum: evidence from ectothermic vertebrates of Central Europe. *Palaeogeography, Palaeoclimatology, Palaeoecology*, **196**, 389–401.

Caldeira, K., Kasting, J.F., 1992a. The Life Span of the Biosphere Revisited. *Nature*, **360**, 721–723.

Caldeira, K., Kasting, J.F., 1992b. Susceptibility of the early Earth to irreversible glaciation caused by carbon dioxide cloud. *Nature*, **359**, 225–228.

Caldeira, K., 1995. Long-term control of atmospheric carbon dioxide: low-temperature seafloor alternation or terrestrial silicate-rock weathering? *American Journal of Science*, **295**, 1077–1114.

Camp, V.E., 1995. Mid-Miocene propagation of the Yellowstone mantle plume head beneath the Columbia River basalt source region. *Geology*, **23**, 435–438.

Cande, S.C., LaBrecque, J.L., Haxby, W.F., 1988. Plate kinematics of the south Atlantic: Cretaceous to present. *Journal of Geophysical Research*, **93**, 13479–13492.

Canfield, D.E., 1994. Factors influencing organic carbon preservation in marine sediments. *Chemical*

Geology, **114**, 315-329.

Capo, R.C., DePaolo, D.J., 1990. Seawater strontium isotopic variations from 2.5 million years ago to the present. *Science*, **249**, 51-55.

Cartigny, P., Jendrzejewksi, N., Pineau, F., Petit, E., Javoy, M., 2001. Volatile (C, N, Ar) variability in MORB and the respective roles of mantle source heterogeneity and 25 degassing: the case study of the Southwest Indian ridge. *Earth and Planetary Science Letters*, **194**, 241-257.

Cerling, T.E., 1991. Carbon dioxide in the atmosphere: Evidence from Cenozoic and Mesozoic paleosols. *American Journal of Science*, **291**, 377-400.

Cerling, T.E., Harris, J.M., MacFadden, B.J., Leahey, M.G., Quande, J., Eisenmann, V., Ehlenringer, J.R., 1997. Global vegetation change through the Miocene / Pliocene boundary. *Nature*, **389**, 153-158.

Chamberlain, C.P., Waldbauer, J.R., Jacobson, A.D., 2005. Strontium, hydrothermal systems and steady-state chemical weathering in active mountain belts. *Earth and Planetary Science Letters*, **238**, 351-366.

Chandler, M., Rind, D., Thompson, R., 1994. Joint investigations of the middle Pliocene climate II: GISS GCM Northern Hemisphere results. *Global and Planetary Change*, **9**, 197-219

Chang S.B., Berner, R.A., 1999. Coal weathering and the geochemical carbon cycle. *Geochimica et Cosmochimica Acta*, **63**, 3301-3310.

Charney, J.G., Arakawasa, A., Baker, D.J., Bolin, B., Dickinson, R.E., Goody, R.M., Leith, C.E., Stommel, H.M., Wunsch, C.I., 1979. Carbon dioxide and climate: a scientific assessment, National Research Council.

Chaudhuri, S., Clauer, N., 1986. Fluctuations of isotopic composition of strontium in seawater during the Phanerozoic eon. *Chemical Geology*, **59**, 293-303.

Chou, L.E.I., Garrels, R.M., Wollast, R., 1989. Comparative study of the kinetics and mechanisms of dissolution of carbonate minerals. *Chemical Geology*, **78**, 269-282.

Coffin, M.F., Eldholm O., 1993. Large igneous provinces. Scientific America, October, 42-49.

Coggon, R.M., Teagle, D.A.H., Smith-Duque, C.E., Alt, J.C., Cooper, M.J., 2010. Reconstructing past seawater Mg/Ca and Sr/Ca from mid-ocean ridge flank calcium carbonate veins. *Science*, **327**, 1114-1117.

Colosimo, A.B., Bralower, T.J., Zachos, J.C., 2006. Evidence for Lysocline Shoaling at the Paleocene-Eocene Thermal Maximum on Shatsky Rise, Northwest Pacific. In: Bralower, T.J., Premoli Silva, I., Malone, M.J. (eds.), Proceedings of ODP, Scientific Results, 198.

Corliss, J.B. , Dymond, J., Forgon, L.I., Edmond, J.M., von Herzen, R.P., Ballard, R.D., Green, K., Williams, D., Bainbridge, A., Crane, K., van Andel, T.H., 1979. Submarine thermal springs on the Galapagos Rift. *Science*, **203**, 1073-1083.

Coxall, H.K., Wilson, P.A., Paelike,H., Lear, C.H., Backman, H., 2005. Rapid stepwise onset of Antarctic glaciation and deeper calcite compensation in the Pacific Ocean. *Nature*, **433**, 53-57.

Crisp, J.A. 1984. Rates of magma emplacement and volcanic output. *Journal of Volcanology and Geothermal Research*, **20**, 177-211.

Crowley, T.J., 1996. Pliocene climates: the nature of the problem. *Marine Micropaleontology*, **27**, 3-12.

Currie, B.S., Rowley, D.B., Tabor, N.J., 2005. Middle Miocene paleoaltimetry of southern Tibet: implications for the role of mantle thickening and delamination in the Himalayan orogen. *Geology*, **33**, 181-184.

Davis, A.C., Bickle, M.J., Teagle, D.A.H., 2003. Imbalance in the oceanic strontium budget. *Earth and Planetary Science Letters*, **211**, 173-187.

Davis, K.J., Dove, P.M., De Yoreo, J.J., 2000. The role of Mg^{2+} as an impurity in calcite growth.

Science, **290**, 1134–1137.

de Boer, B., Wal, R.S.W. van de, Bintanja, R., Lourens, L.J., Tuenter, E., 2010. Cenozoic global ice-volume and temperature simulations with 1-D ice-sheet models forced by benthic $\delta^{18}O$ records. *Annals of glaciology*, **51**, 23–33.

DeConto, R.M., Pollard, D., 2003. Rapid Cenozoic glaciation of Antarctica induced by declining atmospheric CO_2. *Nature*, **421**, 245–249.

DeConto, R.M., Pollard, D., Harwood, D., 2007. Sea ice feedback and Cenozoic evolution of Antarctic climate and ice. *Paleoceanography*, **22**, PA3214, doi:10.1029/2006PA001350.

DeConto, R.M., Pollard, D., Wilson, P.A., Paelike, H., Lear, C.H., Pagani, M., 2008. Thresholds for Cenozoic bipolar glaciation. *Nature*, **455**, 652–657.

Demicco, R.V., Lowenstein, T.K., Hardie, L.A., 2003. Atmospheric pCO_2 since 60 Ma from records of seawater pH, calcium, and primary carbonate mineralogy. *Geology*, **31**, 793–796.

Derry, L.A., France-Lanord, C., 1996. Neogene Himalayan weathering history and river $^{87}Sr/^{86}Sr$: impact on the marine Sr record. *Earth and Planetary Science Letters*, **142**, 59–74.

Des Marais, D.J. , Moore, J.G., 1984. Carbon and its isotopes in midoceanic basaltic glasses. *Earth and Planetary Science Letters*, **69**, 43–57.

Des Marais, D.J., 1985. Carbon exchange between the mantle and the crust, and its effect upon the atmosphere: today compared to Archean time. Geophysical Monograph Series, 32, 602–611.

Dessert, C., Dupré. B., Gaillardet, J., François, L.M., Allègre, C.J., 2003. Basalt weathering laws and the impact of basalt weathering on the global carbon cycle. *Chemical Geology*, **202**, 257–273.

Dickens, G.R., Castillo, M.M., Walker, J.C.G., 1997. A blast of gas in the latest Paleocene: Simulating first-order effects of massive dissociation of oceanic methane hydrate. *Geology*, **25**, 259–262.

Diester-Haass, L., Billups, K., Emeis, K., 2011. Enhanced paleoproductivity across the Oligocene/Miocene boundary as evidenced by benthic foraminiferal accumulation rates. *Palaeogeography, Palaeoclimatology, Palaeoecology*, **302**, 464–473.

Donnadieu, Y., Goddéris, Y., Pierrehumbert, R., Dromart, G., Fluteau, F., Jacob, R., 2006. A GEOCLIM simulation of climatic and biogeochemical consequences of Pangea breakup. *Geochemistry Geophysics Geosystems*, **7**, Q11019, doi:10.1029/2006GC001278.

Dowling, C.B., Poreda, R.J., Basu, A.R., 2003. The groundwater geochemistry of the Bengal Basin: Weathering, chemsorption, and trace metal flux to the oceans. *Geochimica et Cosmochimica Acta*, **67**, 2117–2136.

Düdas, F.O., Campbell, I.H., Gordon, M.P., 1983. Geochemistry of igneous rocks in the Hokuroku district, northern Japan. *Economic Geology Monograph*, **5**, 115–133.

Dunne, T., 1978. Rate of chemical denudation of silicate rocks in tropical catchments. *Nature*, **24**, 244–246.

Dworkin, S.I., Nordt, L., Atchley, S., 2005. Determining terrestrial paleotemperatures using the oxygen isotopic composition of pedogenic carbonate. *Earth and Planetary Science Letters*, **237**, 56–68.

Edgar, K.M., Wilson, P.A., Sexton, P.F., Gibbs, S.J., Roberts, A.P., Norris, R.D., 2010. New biostratigraphic, magnetostratigraphic and isotopic insights into the middle Eocene climatic optimum in low latitudes. *Palaeogeography, Palaeoclimatology, Palaeoecology*, **297**, 670–682.

Edmond, J.M., 1992. Himalayan Tectonics, Weathering Processes, and the Strontium Isotope Record in Marine Limestones. *Science*, **258**, 1594–1597.

Ekart, D.D., Cerling, T.E., Montañez, I.P., Tabor, N.J., 1999. A 400 million year carbon isotope record of pedogenic carbonate: Implications for paleoatmospheric carbon dioxide. *American Journal of*

Science, **299**, 805–827.

Elderfield, H., Schultz, A., 1996. Mid-ocean ridge hydrothermal fluxes and the chemical composition of the ocean. *Annual Review of Earth and Planetary Science*, **24**, 191–224.

Elderfield, H., Ganssen, G., 2000. Past temperature and $\delta^{18}O$ of surface ocean waters inferred from foraminiferal Mg/Ca ratios. *Nature*, **405**, 442–445.

Eldrett, J.S., Harding, I.C., Wilson, P.A., Butler, E. Roberts, A.P., 2007. Continental ice in Greenland during the Eocene and Oligocene. *Nature*, **446**, 176–179.

Emiliani, C. 1955. Pleistocene temperatures. *Journal of Geology*, **63**, 538–78.

Engebreston, D.C., Kelley, K.P., Cashman, H.J., Richards, M.A., 1992. 180 million years of subduction. *GSA Today*, **2**, 93–95, 100.

English, N.B., Quade, J., DeCelles, P.G., Garzione, C.N., 2000. Geologic control of Sr and major element chemistry in Himalayan rivers, Nepal. *Geochimica et Cosmochimica Acta*, **64**, 2549–2566.

Farrel, J.W., Clemens, S.C., 1995. Improved chronostratigraphic reference curve of late Neogene seawater $^{87}Sr/^{86}Sr$. *Geology*, **23**, 403–406.

Fedorov, A.V., Brierley, C.M., Lawrence, K.T., Liu, Z., Dekens, P.S., Ravelo, A.C., 2013. Patterns and mechanisms of early Pliocene warmth. *Nature*, **496**, 43–49.

Fisher, A.T., Narasimhan, T.N., 1991. Numerical simulations of hydrothermal circulation resulting from basalt intrusions in a buried spreading center. *Earth and Planetary Science Letters*, **103**, 100–115.

Fischer, T.P., 2008. Fluxes of volatiles (H_2O, CO_2, N_2, Cl, F) from arc volcanoes. *Geochemical Journal*, **42**, 21–38.

Flower, P., 1999. Palaeoclimatology: Warming without high CO_2? *Nature*, **399**, 313–314.

Flower, B.P., Kennett, J.P., 1993. Middle Miocene ocean-climate transition: High-resolution oxygen and carbon isotopic records from deep sea drilling project site 588A, southwest Pacific. *Paleoceanography*, **8**, 811–843.

Flower, B.P., Kennett, J.P., 1994. The middle Miocene climatic transition: East Antarctic ice sheet development, deep ocean circulation and global carbon cycling. *Palaeogeography, Palaeoclimatology, Palaeoecology*, **108**, 537–555.

Flower, B.P., Kennett, J.P., 1995. Middle Miocene Deepwater Paleoceanography in the Southwest Pacific: Relations with East Antarctic Ice Sheet Development. *Paleoceanography*, **10**, 1095–1112.

Flower, B.P., Zachos, J.C., Martin, E., 1997. Latest Oligocene through early Miocene isotopic stratigraphy and deep-water paleoceanography of the western equatorial Atlantic: sites 926 and 929. In: Shackleton, N.J., Curry, W.B., Richter, C., Bralower, T.J. (eds.), *Proceedings of the Ocean Drilling Program, Scientific Results*, **154**, 451–461.

France-Lanord, C., Derry, L.A., Michard, A., 1993. Evolution of the Himalaya since Miocene time: Isotopic and sedimentologic evidence from the Bengal Fan. In: Treloar, P.J., Searle, M.P. (eds.), *Himalayan Tectonics*, The Geological Society, London Special Publication, **74**, 605–623.

François, L.M., Walker, J.C.G., 1992. Modelling the Phanerozoic carbon cycle and climate: constraints from the $^{87}Sr/^{86}Sr$ isotopic ratio of seawater. *American Journal of Science*, **292**, 81–135.

François, L.M., Goddéris, Y., 1998. Isotopic constraints on the Cenozoic evolution of the carbon cycle. *Chemical Geology*, **145**, 177–212.

Freeman, K.H., Hayes, J.M., 1992, Fractionation of carbon isotopes by phytoplankton and estimates of ancient CO_2 levels. *Global Biogeochemical Cycles*, **6**, 185–198.

Gaillardet, J., Dupré, B., Louvat, P., Allègre, C.J., 1999. Global silicate weathering and CO_2 consumption rates deduced from the chemistry of large rivers. *Chemical Geology*, **159**, 3–30.

Galy, A., France-Lanord, C., Derry, L.A., 1999. The strontium isotopic budget of Himalayan Rivers in Nepal and Bangladesh. *Geochimica et Cosmochimica Acta*, **63**, 1905–1925.

Gamo, T., 1995. Wide variation of chemical characteristic of submarine hydrothermal fluids due to secondary modification process after high temperature water-rock interaction: a review. In: Sakai, H., Nozaki, Y. (eds.), *Biogeochemical Processes and Ocean Flux in the Western Pacific*, 425–451.

Gerlach, T.M., 1991. Present-day CO_2 emissions from volcanos. *Eos, Transactions American Geophysical Union*, **72**, 249–255.

Gerlach, T.M., Delgado, H., McGee, K.A., Doukas, M.P., Venegas, J.J., Cárdenas, L., 1997. Application of the LI - COR CO_2 analyzer to volcanic plumes: A case study, volcán Popocatépetl, Mexico, June 7 and 10, 1995. *Journal of Geophysical Research*, **102**, 8005–8019.

Gislason, S.R., Eugster, H.P., 1987. Meteoric water–basalt interactions: II. A field study in N.E. Iceland. *Geochimica et Cosmochimica Acta*, **51**, 2841–2855.

Gislason, S.R., Arnorsson, S., Armannsson, H., 1996. Chemical weathering of basalt in southwest Iceland: effects of runoff, age of rocks and vegetative glacial cover. *American Journal of Science*, **296**, 837–907.

Goddéris, Y., Donnadieu, Y., LeHir, G., Lefebvre,V., Nardin, E., 2014. The role of palaeogeography in the Phanerozoic history of atmospheric CO_2 and climate. *Earth-Science Reviews*, **128**, 122–138, http://dx.doi.org/10.1016/j.earscirev.2013.11.004.

Graham, D.W., Bender, M.L., Williams, D.F., Keigwin, L.D., 1982. Strontium-calcium ratios in Cenozoic planktonic foraminifera. *Geochimica et Cosmochimica Acta*, **46**, 1281–1292.

Graham, D., Sarda, P., 1991. Reply to comment by T.M. Gerlach on "Mid-ocean ridge popping rocks: implications for degassing at ridge crests." *Earth and Planetary Science Letters*, **105**, 568–573.

Grard, A., François, L.M., Dessert, C., Dupre, B., Goddéris, Y., 2005. Basaltic volcanism and mass extinction at the Permo-Triassic boundary: environmental impact and modeling of the global carbon cycle. *Earth and Planetary Science Letters*, **234**, 207–221.

Hansen, J., Sato, M., Kharecha, P., Beerling, D., Berner, R., Masson-Delmotte, V., Pagani, M., Raymo, M., Royer, D. L., Zachos, J. C., 2008. Target atmospheric CO_2: Where should humanity aim? *The Open Atmospheric Science Journal*, **2**, 217–231.

Harris, D.M., Rose, W.I., 1996. Dynamics of carbon dioxide emissions, crystallization, and magma ascent: Hypotheses, theory, and applications to volcano monitoring at Mount St. Helens. *Bulletin of volcanology*, **58**, 163–174.

Haywood, A.M., Valdes, P.J., 2004. Modelling Pliocene warmth: Contribution of atmosphere, oceans and cryosphere. *Earth and Planetary Science Letters*, **218**, 363–377.

Haywood, A.M., Chanler, M.A., Valdes, P.J., Salzmann, U., Lunt, D.J., Dowsett, H.J., 2009. Comparison of mid-Pliocene climate predictions produced by the HadAM3 and GCMAM3 general circulation models. *Global and Planetary Change*, **66**, 208–224.

Hedges, J.I., Keil, R.G., 1995. Sedimentary organic matter preservation: an assessment and speculative synthesis. *Marine Chemistry*, **49**, 81–115.

Hemming N.G., Hanson, G.N., 1992. Boron isotopic composition and concentration in modern marine carbonates. *Geochimica et Cosmichimica Acta*, **56**, 537–543.

Hemming, N.G., Reeder, R.J., Hanson, G.N., 1995. Mineral-fluid partitioning and isotopic fractionation of boron in synthetic calcium carbonate. *Geochimica et Cosmochimica Acta*, **59**, 371–379.

Hilton, D.R., Fischer, T.P., Marty, B., 2002. Noble gases and volatile recycling at subduction zones. In: Porcelli, D., Ballentine, C.J., Wieler, R. (eds.), *Noble Gases in Cosmochemistry and Geochemistry*,

Mineralogical Society of America, Washington, D.C., **47**, 319–370.

Hodell, D.A., Mead, G.A., Mueller, P.A., 1990. Variation in the strontium isotopic composition of seawater (8 Ma to present): Implications for chemical weathering rates and dissolved fluxes to the oceans. *Chemical Geology*, **80**, 291–307.

Holbourn, A., Kuhnt, W., Schulz, M., Flores, J., Andersen, N., 2007. Orbitally-paced climate evolution during the middle Miocene "Monterey" carbon-isotope excursion. *Earth and Planetary Science Letters*, **261**, 534–550.

Holland, H.D., 1978. The chemistry of the atmosphere and oceans. Wiley-Interscience, New York.

Holland, H.D., 1984. The chemical evolution of the atmosphere and oceans. Princeton University Press, 598pp.

Hollis, C.J., Handley, L., Crouch, E.M., Morgans, H.E., Baker, J.A., Creech, J., Pancost, R.D., 2009. Tropical sea temperatures in the high-latitude South Pacific during the Eocene. *Geology*, **37**, 99–102.

Holloway, J.R., Blank, J.G., 1994. Application of experimental results to COH species in natural melts. *Reviews in Mineralogy and Geochemistry*, **30**, 187–230.

Hooker, J.J., Collinson, M.E., Sille, N.P., 2004. Eocene-Oligocene mammalian faunal turnover in the Hampshire Basin, UK: calibration to the global time scale and the major cooling event. *Journal of the Geological Society of London*, **161**, 161–172. doi:10.1144/0016-764903-091

Hooper, P.R., 1997. The Columbia River Flood Basalt province: current status. In: Mahoney, J.J., Coffin, M.F. (Eds.), *Large Igneous Provinces: continental, oceanic, and planetary flood volcanism*, AGU *Geophysical Monograph Series*, **100**, 1–27, Washington D.C.

Hooper, P.R., Binger, G.B., Lees, K.R., 2002. Age of the Steens and Columbia River flood basalts and their relationship to extension-related calc-alkalic volcanism in eastern Oregon. *Geological Sociery of American Bulletin*, **114**, 43–50.

Horita, J., Zimmerman, H., Holland, H. D., 2002. The chemical evolution of seawater during the Phanerozoic: Implications from the record of marine evaporites. *Geochimica et Cosmochimica Acta*, **66**, 3733–3756.

Ikeda, T., Tajika, 1999. A study of the energy balance climate model with CO_2-dependent outgoing radiation: implication for the glaciation during the Cenozoic. *Geophysical Research Letters*, **26**, 349–352.

Ivany, L.C., Peters, S.C., Wilkinson, B.H., Lohmann, K.C., Reimer, B.A., 2004. Composition of the early Oligocene ocean from coral stable isotope and elemental chemistry. *Geobiology*, **2**, 97–106.

Jacobson, A.D., Blum, J.D., 2000. Ca/Sr and $^{87}Sr/^{86}Sr$ geochemistry of disseminated calcite in Himalayan silicate rocks from Nanga Parbat: Influence on river-water chemistry. *Geology*, **28**, 463–466.

Jacobson, A.D., Blum, J.D., Walter, L.M., 2002. Reconciling the elemental and Sr isotope composition of Himalayan weathering fluxes: Insights from the carbonate geochemistry of stream waters. *Geochimica et Cosmochimica Acta*, **66**, 3417–3429.

Javoy, M., Pineau, F., 1991. The volatiles record of a "popping" rock from the Mid-Atlantic ridge at 14°N: chemical and isotopic composition of a gas trapped in the vesicles. *Earth and Planetary Science Letters*, **107**, 598–611.

Jenkyns, H. C., Forster, A., Schouten, S., Damsté, J.S.S., 2004. High temperatures in the late Cretaceous Arctic Ocean. *Nature*, **432**, 888–892.

Kaiho, K., 1989. Morphotype changes of deep-sea benthic foraminifera during the Cenozoic Era and their paleoenvironmental implications. *Fossils*, **47**, 1–23.

Kaiho, K., Saito, S., 1994. Oceanic crust production and climate during the last 100 myr. *Terra Nova*, **6**, 376–384.

Kakihana, H., Kotake, M., Satoh, S, Nomura, M., Okamoto, M., 1977. Fundamental studies on the ion-exchange separation of boron isotopes. *Bulletin of the Chemical Society of Japan*, **50**, 158–163.

Karim, A., Veizer, J., 2000. Weathering processes in the Indus River Basin: Implications from riverine carbon, sulfur, oxygen and strontium isotopes. *Chemical Geology*, **170**, 153–177.

Kashiwagi, H., Shikazono, N., 2003. Climate change during Cenozoic inferred from global carbon cycle model including igneous and hydrothermal activities. *Palaeogeography, Palaeoclimatology, Palaeoecology*, **199**, 167–185.

Kashiwagi, H., Ogawa, Y., Shikazono, N., 2008. Relationship between weathering, mountain uplift, and climate during the Cenozoic as deduced from the global carbon-strontium cycle model. *Palaeogeography, Palaeoclimatology, Palaeoecology*, **270**, 139–149, doi:10.1016/j.palaeo.2008.09.005

Kasting, J.F., Richardson, S.M., 1985. Seafloor hydrothermal activity and spreading rates: the Eocene carbon dioxide greenhouse revisited. *Geochimica et Cosmochimica Acta*, **49**, 2541–2544.

Katz, M.E., Pak, D.K., Dickens, G.R., Miller, K.G., 1999. The source and fate of massive carbon input during the latest paleocene thermal maximum. *Science*, **286**, 1531–1533.

Katz, M.E., Miller, K.G., Wright, J.D., Wade, B.S., Browning, J.V., Cramer, B.S., Rosenthal, Y., 2008. Stepwise transition from the Eocene greenhouse to the Oligocene icehouse. *Nature Geoscience*, **1**, 329–334.

Keller, G., Herbert, T., Dorsey, R., D'Hondt S. Johnsson M., Chi, W.R., 1987. Global distribution of late Paleogene hiatuses. *Geology*, **15**, 199–203.

Keller, G., MacLeod, N., Barrera, E., 1992. Eocene–Oligocene faunal turnover in planktonic foraminifera, and Antarctic glaciation. In: Prothero, D.R., Berggren, W.A. (eds.), *Eocene-Oligocene climatic and biotic evolution*, Princeton University Press, pp. 218–244.

Kennett, J.P., 1977. Cenozoic evolution of Antarctic glaciation, the Circum-Antarctic Ocean and their impact on global paleoceanography. *Journal of Geophysical Research*, **82**, 3843–3860.

Kennett, J.P., Shackleton, N.J., 1976. Oxygen isotopic evidence for the development of the psychrosphere 38 Myr ago. *Nature*, **260**, 513–515.

Kennett, J.P., McBirney, A.R., Thunell, R.C., 1977. Episodes of Cenozoic volcanism in the Circum-Pacific Region. *Journal of Volcanology and Geothermal Research*, **2**, 145–163.

Kennett, J.P., Barker, P.E., 1990. Latest Cretaceous to Cenozoic climate and oceanographic developments in the Weddell Sea, Antarctica: An ocean-drilling perspective. In: Barker, P. E. and Kennett, J. P. (eds.), *Initial Reports of the DSDP, 113B*, Washington, D. C., U. S. Government Printing Office, pp. 937–960.

Kennett, J.P., Stott, L.D., 1990. Proteus and proto-oceanus: ancestral Paleogene oceans as revealed from Antarctic stable isotopic results; ODP LEG 113. In: Barker, P.F., Kennett *et al.* (eds.), *Proceedings of the Ocean Drilling Program, Scientific Results*, **113**, pp. 856–880.

Kennett, J.P., Stott, L.D., 1991. Abrupt deep-sea warming, paleoceanographic changes and benthic extinctions at the end of the Paleocene. *Nature*, **353**, 225–229.

Kent, D.V., Cramer, B.S., Lanci, L., Wang, D., Wright, J.D., Van de Voo, R., 2003. A case for a comet impact trigger for the Paleocene/Eocene thermal maximum and carbon isotope excursion. *Earth and Planetary Science Letters*, **211**, 13–26.

Kerrick, D.M., Caldeira, K., 1999. Was the Himalayan orogen a climatically significant coupled source and sink for atmospheric CO_2 during the Cenozoic? *Earth and Planetary Science Letters*, **173**, 195–203.

Kerrick, D.M., 2001. Present and past nonanthropogenic CO_2 degassing from the solid earth. *Review of Geophysics*, **39**, 565-585.

Kothavala, Z., Oglesby, R.J., Saltzman, B., 1999. Sensitivity of equilibrium surface temperature of CCM3 to systematic changes in atmospheric CO_2. *Geophysical Research Letters*, **26**, 209-212.

Kothavala, Z., Oglesby, R.J., Saltzman, B., 2000. Evaluating the climatic response to changes in CO_2 and solar luminosity. *11th Symposium on Global Change Studies*, Long Beach, California, American Meteorological Society, 348-351.

Krishnaswami, S., Trivedi, J.R., Sarin, M.M., Ramesh, R., Sharma, K.J., 1992. Strontium isotopes and rubidium in the Ganga-Brahmaputra river system: Weathering in the Himalaya, fluxes to the Bay of Bengal and contributions to the evolution of oceanic $^{87}Sr/^{86}Sr$. *Earth and Planetary Science Letters*, **109**, 243-253.

Kump, L.R., Garrels, R.M., 1986. Modeling atmospheric O_2 in the global sedimentary redox cycle. *American Journal of Science*, **286**, 337-360.

Kump, L.R., Arthur, M.A., 1997. Global chemical erosion during the Cenozoic: weatherability balances the budges. In: Ruddiman, W. F. (ed.), *Tectonic Uplift and Climate Change*, W. F., Plenum Press, New York, pp. 399-426.

Kump, L.R., Pollard, D., 2008. Amplification of Cretaceous warmth by biological cloud feedbacks. *Science*, **320**, 195.

Kürschner, W.M., Kvaček, Z., Dilcher, D.L., 2008. The impact of Miocene atmospheric carbon dioxide fluctuations on climate and the evolution of terrestrial ecosystems. *Proceedings of the National Academy of Sciences*, **105**, 449-453.

Kwiek, P., Ravelo, A.C., 1991. Pacific Ocean intermediate and deep water circulation during the Pliocene. *Palaeogeography, Palaeoclimatology, Palaeoecology*, **154**, 191-217.

Lasaga, A.C., 1989. A new approach to isotopic modeling of the variation of atmospheric oxygen through the Phanerozoic. *American Journal of Science*, **289**, 411-435.

Larson, R.L., 1991. Latest pulse of Earth: Evidence for a mid-Cretaceous superplume. *Geology*, **19**, 547-550.

Lasaga, A.C., 1984. Chemical kinetics of water-rock interactions. *Journal of Geophysical Research*, **89**, 4009-4025.

Lasaga, A.C., Berner, R.A., Garrels, M., 1985. An improved geochemical model of atmospheric CO_2 fluctuations over the past 100 million years. In: Sundquist, E. T. and Broecker, W.S. (eds.), *The Carbon Cycle and Atmospheric CO_2: Natural Variations Archean to Present*, American Geophysical Union, Washington D.C., pp. 397-411.

Latimer, J.C., Filippelli, G.M., 2002. Eocene to Miocene terrigenous inputs, paleoproductivity, and the onset of the Antarctic Circumpolar Current. Geochemical evidence from ODP Leg 177, Site 1090. *Paleogeography, Paleoclimatology, Paleoecology*, **182**, 151-164.

Laws, E.A., Popp, B.N., Bidigare, R.R., Kennicut, M.C., Macko, S.A., 1995. Dependence of phytoplankton carbon isotopic composition on growth rate and $[CO_2]_{aq}$: theoretical considerations and experimental results. *Geochimica et Cosmochimica Acta*, **59**, 1131-1138.

Laws, E.A., Bidigare, R.R., Popp, B.N., 1997. Effect of growth rate and CO_2 concentration on carbon isotopic fractionation by the marine diatom Phaeodactylum tricornutum. *Limnology Oceanography*, **42**, 1552-1560.

Lawver, L.A., Gahagan, L.M., 2003. Evolution of Cenozoic seaways in the circum-Antarctic region. *Palaeogeography, Palaeoclimatology, Palaeoecology*, **198**, 11-37.

Lea, D. W., Pak, D.K., Spero, H.J., 2000. Climate impact of Late Quaternary equatorial Pacific sea surface temperature variations. *Science*, **289**, 1719-1724.

Lear, C.H., Elderfield, H., Wilson, P.A., 2000. Cenozoic Deep-sea temperatures and global ice volumes from Mg/Ca in benthic foraminiferal calcite. *Science*, **287**, 269-271.

Lear, C.H., Rosenthal Y., Slowey, N., 2002. Benthic foraminiferal Mg/Ca-paleothermometry: a revised core-top calibration. *Geochimica et Cosmochimica Acta*, **66**, 3375-3387.

Lear, C.H., Elderfield, H., Wilson, P.A., 2003. Cenozoic Deep-sea temperatures and global ice volumes from Mg/Ca in benthic foraminiferal calcite. *Science*, **287**, 269-271.

Lemarchand, D., Gaillardet, J., Lewin, É., Allègre C.J., 2002. Boron isotope systematics in large rivers: implications for the marine boron budget and paleo-pH reconstruction over the Cenozoic. *Chemical Geology*, **190**, 123-140.

Li, G., Chen, J., Ji, J., Liu, L., Yang, J,, Sheng, X., 2007. Global cooling forced increase in marine strontium isotopic ratios: Importance of mica weathering and a kinetic approach. *Earth and Planetary Science Letters*, **254**, 303-312

Liu, Y.-G., Schmitt, R.A., 1996. Cretaceous Tertiary phenomena in the context of seafloor rearrangements and P(CO_2) fluctuations over the past 100 m.y. *Geochimica et Cosmochimica Acta*, **60**, 973-994.

Lourens, L.J., Sluijs, A., Kroon, D., Zachos, J.C., Thomas, E., Röhl, U., Bowles, J., Raffi, I., 2005. Astronomical pacing of late Palaeocene to early Eocene global warming events. *Nature*, **435**, 1083-1087.

Louvat, P., Allègre, C.J., 1997. Present denudation rates at Rèunion Island determined by river geochemistry: basalt weathering and mass budget between chemical and mechanical erosions. *Geochimica et Cosmochimica Acta*, **61**, 3645-3669.

Louvat, P., Allègre, C.J., 1998. Riverine erosion rates on Sao Miguel volcanic island, Azores archipelago. *Chemical Geology*, **148**, 177-200.

Louvat, P., Allègre, C.J., Meynadier, L., 2005. The island arcs as a major source of mantellic Sr to the ocean: tectonic control over seawater chemistry and climate. *Eos Transactions*, **86**, American Geophysical Union, Fall Meeting Supplement Abstract PP43B-0683.

Lowenstein, T.K., Timofeeff, M.N., Brennan, S.T., Hardie, L.A., Demicco, R.V., 2001. Oscillations in Phanerozoic seawater chemistry: Evidence from fluid inclusions. *Science*, **294**, 1086-1088.

Lunt, D., Haywood, A.M., Schmidy, G.A., Salzmann, U., Valdes, P.J., Dowsett, H.J., 2009.. Earth system sensitivity inferred from Pliocene modelling and data. *Nature Geoscience*, **3**, 60-64.

Lüthi, D., Floch, M.L., Bereiter, B., Blunier, T., Barnola, J.-M., Siegenthaler, U., Raynaud, D., Jouzel, J., Fischer, H., Kawamura, K., Stocker, T.F., 2008. High-resolution carbon dioxide concentration record 650,000-800,000 years before present. *Nature*, **453**, 379-382.

Manabe, S., Stouffer, 1980. Sensitivity of a global climate model to an increase of CO_2 concentration in the atmosphere. *Journal of Geophysical Research*, **85**, 5529-5554.

Maqueda, M., Willmott, A.J., Bamber, J.L., Darby, M.S., 1998. An investigation of the small ice cap instability in the Southern Hemisphere with a coupled atmosphere-sea ice-ocean-terrestrial ice model. *Climate Dynamics*, **14**, 329-352.

Marty, B., Jambon, A., 1987. C/^{3}He in volatile fluxes from the solid earth: implications for carbon geodynamics. *Earth and Planetary Science Letters*, **83**, 16-26.

Marty, G., Jambon, A., Sano, Y., 1989. Helium isotopes and CO_2 in volcanic gases of Japan. *Chemical Geology*, **76**, 25-40.

Marty, B., Tolstikhin, I.N., 1998. CO_2 fluxes from mid-ocean ridges, arcs and plumes. *Chemical Geology*, **145**, 233-248.

Marty, B., Zimmerman, L., 1999. Volatiles (He, C, N, Ar) in midocean ridge basalts: assessment of shallow-level fractionation and characterization of source composition. *Geochimica et Cosmochimica Acta*, **63**, 3619–3633.

Mashiotta, T.A., Lea, D.W., Spero, H.J., 1999. Glacial-interglacial changes in subantarctic sea surface temperature and δ^{18}O-water using foraminiferal Mg. *Earth and Planetary Science Letters*, **170**, 417–432.

Maslin, M.A., Li, X-S., Loutre, M-F., Berger, A., 1998. The contribution of orbital forcing to the progressive intensification of Northern Hemisphere Glaciation. *Quaternary Science Review*, **17**, 411–426.

Mawbey, E.M., Lear, C.H., 2013. Carbon cycle feedbacks during the Oligocene-Miocene transient glaciation. *Geology*, **41**, 963–966.

Métivier, F., Gaudemer, Y., Tapponnier, P., Klein, M., 1999. Mass accumulation rates in Asia during the Cenozoic. *Geophysical Journal International*, **137**, 280–318.

Meybeck, M., 1979. Concentrations des eaux fluviales en elements majeurs et apports en solution aux oceans. *Revue de Geologie Dynamique et Geographie Physique*, **21**, 215–246.

Meybeck, M., 1987. Global chemical weathering of surficial rocks estimated from river dissolved loads. *American Journal of Science*, **287**, 401–428.

Miller, K.G., Fairbanks, R.G., Mountain, G.S., 1987. Tertiary oxygen isotope synthesis, sea level history, and continental margin erosion. *Paleoceanography*, **2**, 1–19.

Miller, K.G., Wright, J.D., Fairbanks, R.G., 1991. Unlocking the ice house: Oligocene-Miocene oxygen isotopes, eustasy, and margin erosion. *Journal of Geophysical Research*, **96**, 6829–6848

Miller, K.G., Katz, M.E., Berggren, W.A., 1992, Cenozoic deep-sea benthic foraminifera: A tale of three turnovers, In: Takayanagi, Y., Saito, T., (eds.), *Studies in Benthic Foraminifera, Proceedings of the Fourth International Symposium on Benthic Foraminifera*, Sendai, 1990 (Benthos '90): Tokyo, Japan, Tokai University Press, pp. 245–248.

Miller, K.G., Kominz, M.A., Browning, J.V., Wright, J.D., Mountain, G.S., Katz, M.E., Sugarman, P.J., Cramer, B.S., Christie-Blick, N., Pekar, S.F., 2005. The Phanerozoic record of global sea-level change. *Science*, **312**, 1293–1298.

Millero, F.J. 1995. The thermodynamics of the carbonic acid system in the oceans. *Geochimica et Cosmochimical Acta*, **59**, 661–67.

Morse, J.W., Arvidson, R.S., 2002. The dissolution kinetics of major sedimentary carbonate minerals. *Earth-Science Reviews*, **58**, 51–84.

Mosbrugger, V., Utescher, T., 1997. The coexistence approach - a method for quantitative reconstructions of Tertiary terrestrial palaeo-climate data using plant fossils. *Palaeogeography, Palaeoclimatology, Palaeoecology*, **134**, 61–86.

Moulton, K.L., West, J., Berner, R.A., 2000, Solute flux and mineral mass balance approaches to the quantification of plant effects on silicate weathering. *American Journal of Science*, **300**, 539–570.

Munhoven, G., 2002. Glacial–interglacial changes of continental weathering: estimates of the related CO_2 and HCO_3^- flux variations and their uncertainties. *Global and Planetary Change*, **33**, 155–176.

Naish, T., Powell, R., Levy, R., Wilson, G., Scherer, R., Talarico, F., Krissek, L., Niessen, F., Pompilio, M., Wilson, T., Carter, L., DeConto, R., Huybers, P., McKay, R., Pollard, D., Ross, J., Winter, D., Barrett, P., Browne, G., Cody, R., Cowan, E., Crampton, J., Dunbar, G., Dunbar, N., Florindo, F., Gebhardt, C., Graham, I., Hannah, M., Hansaraj, D., Harwood, D., Helling, D., Henrys, S., Hinnov, L., Kuhn, G., Kyle, P., Läufer, A., Maffioli, P., Magens, D., Mandernack, K., McIntosh, W., Millan, C.,

Morin, R., Ohneiser, C., Paulsen, T., Persico, D., Raine, I., Reed, J., Riesselman, C., Sagnotti, L., Schmitt, D., Sjunneskog, C., Strong, P., Taviani, M., Vogel, S., Wilch, T., Williams, T., 2009. Obliquity-paced Pliocene West Antarctic ice Sheet oscillations. *Nature*, **458**, 322–328.

Nielsen, S.G., Rehkämper, M., Teagle, D.A.H., Butterfield, D.A., Alt, J.C., Halliday, A.N., 2006. Hydrothermal fluid fluxes calculated from the isotopic mass balance of thallium in the ocean crust. *Earth and Planetary Science Letters*, **251**, 120–133.

Noh, H., Huh, Y., Qin, J., Ellis, A., 2009. Chemical weathering in the Three Rivers region of Eastern Tibet. *Geochimica et Cosmochimica Acta*, **73**, 1857–1877.

Opdyke, B.N., Wilkinson, B.H., 1988. Surface area control of shallow cratonic to deep marine carbonate accumulation. *Paleoceanography*, **3**, 685–703.

Oslick, J.S., Miller, K.G., Feigenson, M.D., Wright, J.D., 1994. Oligocene-Miocene strontium isotopes: Stratigraphic revisions and correlations to an inferred glacioeustatic record. *Paleoceanography*, **9**, 427–443.

Otofuji, Y., Matsuda, T., 1983. Paleomagnetic evidence for the clockwise rotation of Southwest Japan. *Earth and Planetary Science Letters*, **62**, 349–359.

Otofuji, Y., Matsuda, T., 1987. Amount of clockwise rotation of Southwest Japan-fan shape opening of the Southwestern part of the Japan Sea. *Earth and Planetary Science Letters*, **85**, 289–301.

Otto-Bliesner, B.L., 1995. Continental drift, runoff and weathering feedbacks: implications from climate model experiments. *Journal of Geophysical Research*, **100**, 11537–11548.

Owen, R.N., Rea, D.K., 1985. Sea-floor hydrothermal links climate to tectonics: Eocene carbon dioxide greenhouse. *Science*, **227**, 166–169.

Paelike, H., Lyle, M.W., Nishi, H., Raffi, I., Ridgwell, A., Gamage, K., Klaus, A., Acton, G., Anderson, L., Backman, J., Baldauf, J., Beltran, C., Bohaty, S.M., Bown, P., Busch, W., Channell, J.E.T., Chun, C.O.J., Delaney, M., Dewangan, P., Jones, T.D., Edgar, K.M., Evans, H., Fitch, P., Foster, G.L., Gussone, N., Hasegawa, H., Hathorne, E.C., Hayashi, H., Herrle, J.O., Holbourn, A., Hovan, S., Hyeong, K., Iijima, K., Ito, T., Kamikuri, S-I., Kimoto, K., Kuroda, J., Leon-Rodriguez, L., Malinverno, A., Jr, M.T.C., Murphy, B.H., Murphy, D.P., Nakamura, H., Ogane, K., Ohneiser, C., Richter, C., Robinson, R., Rohling, E.J., Romero, O., Sawada, K., Scher, H., Schneider, L., Sluijs, A., Takata, H., Tian, J., Tsujimoto, A., Wade, B.S., Westerhold, T., Wilkens, R., Williams, T., Wilson, P.A., Yamamoto, Y., Yamamoto, S., Yamazaki, T., Zeebe, R.E., 2012. A Cenozoic record of the equatorial Pacific carbonate compensation depth. *Nature*, **488**, 609–614, doi:10.1038/nature11360.

Pagani, M., Arthur, M. A., Freeman, K. J., 1999a. Miocene evolution of atmospheric carbon dioxide. *Paleoceangraphy*, **14**, 3, 273–292.

Pagani, M., Freeman, K.H., Arthur, M.A., 1999b. Late Miocene atmospheric CO_2 concentrations and the expansion of C4 grasses. *Science*, **285**, 875–877.

Pagani, M., 2002. The alkenone-CO_2 proxy and ancient atmospheric carbon dioxide. *Philosophical Transactions of the Royal Society of London, Series A*, **360**, 609–632.

Pagani, M., Zachos, J.C., Freeman, K.H., Tipple, B., Bohaty, S., 2005a. Marked decline in atmospheric carbon dioxide concentrations during the Paleogene. *Science*, **309**, 600–603.

Pagani, M., Lemarchand, D., Spivack, A., Gallardet, J., 2005b. A critical evaluation of the boron isotope-pH proxy: The accuracy of ancient ocean pH estimates. *Geochimica et Cosmochimica Acta*, **69**, 953–961.

Pagani, M., Liu, Z., LaRiviere, J., Ravelo, A.C., 2009. High Earth-system climate sensitivity determined from Pliocene carbon dioxide concentrations. *Nature Geoscience*, **3**, 1–4. doi:10.1038/ngeo724.

Palmer, M.R., Edmond, J.M., 1989. The strontium isotope budget of the modern ocean. *Earth and*

Planetary Science Letters, **92**, 11-26.

Pearson, P.N., Palmer, M.R., 1999. Middle Eocene seawater pH and atmospheric carbon dioxide concentrations. *Science*, **284**, 1824-1826.

Pearson, P.N., Palmer, M.R., 2000. Atmospheric carbon dioxide concentrations over the past 60 million years. *Nature*, **406**, 695-699.

Pearson, P.N., van Dongen, B.E., Nicholas, C.J., Pancost, R.D., Schouten, S., Singano, J.M., Wade, B.S., 2007. Stable warm tropical climate through the Eocene Epoch. *Geology*, **35**, 211-214.

Pearson, P.N., Foster, G.L., Wade, B.S., 2009. Atmospheric carbon dioxide through the Eocene-Oligocene climate transition. *Nature*, **461**, 1110-1113.

Peters, N.E., 1984. Evaluation of environmental factors affecting yields of major dissolved ions of streams in the United States. *U.S. Geological Survey Water Supply Paper 2228*, 39p.

Petsch, S.T., Eglinton, T.I., Edwards, K.J., 2001. C-13-dead living biomass: evidence for microbial assimilation of ancient organic carbon during share weathering. *Science*, **292**, 1127-1131.

Pfuhl, H.A., McCave, I.N., 2005, Evidence for late Oligocene establishment of the Antarctic Circumpolar Current. *Earth and Planetary Science Letters*, **235**, 715-728.

Plummer, L.N., Wigley, T.M.L., Parkhurst, D.L., 1978. The kinetics of calcite dissolution in CO_2-water systems at 5 degrees to 60 degrees C and 0.0 to 1.0 atm CO_2. *American Journal of Science*, **278**, 179-216.

Popp, B.N., Laws, E.A., Bidigare, R.R., Dore, J.E., Hanson, K.L., Wakeham, S.G., 1998. Effect of phytoplankton cell geometry on carbon isotopic fractionation. *Geochimica et Cosmochimica Acta*, **62**, 69-77.

Quade, J., Roe, L., DeCelles. P.G., Ojha, T.P., 1997. The late Neogene $^{87}Sr/^{86}Sr$ record of lowland Himalayan rivers. *Science*, **276**, 1828-1831.

Ravizza, G.E., Zachos, J.C., 2003. Records of Cenozoic Ocean Chemistry. In: Holland, H.D., Turekian, K.K. (eds), *Treatise on Geochemistry*, **6**, p. 625., pp. 551-581, Elsevier.

Raymo, M.E, Ruddiman, W.F., Froelich, P.N., 1988. Influence of late Cenozoic mountain building on ocean geochemical cycles. *Geology*, **16**, 649-653.

Raymo, M.E., Ruddiman, W.F., 1992. Tectonic forcing of late Cenozoic climate. *Nature*, **359**, 117-122.

Raymo, M.E., 1994. The Himalayas, organic carbon burial, and climate in the Miocene. *Paleoceanography*, **9**, 399-404.

Raymo, M.E., 1997. Carbon cycle models: how strong are the constraints? In: Ruddiman, W.F. (ed.), *Global Tectonics and Climate Change*, Plenum, New York, pp. 367-381.

Raymo, M.E., Grant, B., Horowitz, M., Rau, G.H., 1996. Mid-Pliocene warmth: stronger greenhouse and stronger conveyor. *Marine Micropaleontology*, **27**, 313-326.

Rea, D.K., Zachos, J.C., Owen, R.M., Gingerrich, P.D., 1990. Global change at the Paleogene-Eocene boundary: climatic and evolutionary consequence of tectonic events. *Paleogeography, Paleoclimatology, Paleoecology*, **79**, 117-128.

Rea, D.K., Lyle, M.W., 2005, Paleogene calcite compensation depth in the eastern subtropical Pacific; answers and questions. *Paleoceanography*, **20**, PA1012, doi:10.1029/2004PA00106.

Rechka, J.A., Maxwell, J.R., 1987. Characterisation of alkenone temperature indicators in sediments and organisms. *Organic Geochemistry*, **13**, 727-734.

Retallack, G.J., 2001. A 300-million-year record of atmospheric carbon dioxide from fossil plant cuticles. *Nature*, **411**, 287-290.

Richter, F.M., Rowley, D.B., DePaolo, D.J., 1992. Sr isotope evolution of seawater: the role of tectonics. *Earth and Planetary Science Letters*, **109**, 11-23.

Ridgwell, A., Zeebe, R.E., 2005. The role of the global carbonate cycle in the regulation and evolution of the Earth system. *Earth and Planetary Science Letters*, **234**, 299–315.

Rohling, E.J., Sluijs, A., Dijkstra, H.A., Kohler, P., van de Wal, R.S.W., von der Heydt, A. S., Beerling, D.J., Berger, A., Bijl, P.K., Crucifix, M., DeConto, R., Drijfhout, S.S., Fedorov, A., Foster, G.L., Ganopolski, A., Hansen, J., Honisch, B., Hooghiemstra, H., Huber, M., Huybers, P., Knutti, R., Lea, D.W., Lourens, L.J., Lunt, D., Masson-Demotte, V., Medina-Elizalde, M., Otto-Bliesner, B., Pagani, M., Palike, H., Renssen, H., Royer, D.L., Siddall, M., Valdes, P., Zachos, J.C., Zeebe, R.E., 2012. Making sense of palaeoclimate sensitivity. *Nature*, **491**, 683–691. doi:10.1038/nature11574.

Ronov, A.B., 1993, Stratisfera—Ili Osadochnaya Obolochka Zemli (Kolichestvennoe Issledovanie), Yaroshevskii, A.A. (ed.), *Nauka, Moskva*, 144 p. (in Russian).

Ronov, A.B., 1994. Phanerozoic transgressions and regressions on the continents: a quantitative approach based on areas flooded by the sea and areas of marine and continental deposition. *American Journal of Science*, **294**, 802–860.

Roth-Nebelsick, A., Utescher, T., Mosbrugger, V., Diester-Haass, L., Walther, H., 2004. Changes in atmospheric CO_2 concentrations and climate from the Late Eocene to Early Miocene: palaeobotanical reconstruction based on fossil floras from Saxony, Germany. *Paleogeography, Paleoclimatology, Paleoecology*, **205**, 43–67.

Rowley, D.B., Pierrehumbert, R.T., Currie, B.S., 2001. A new approach to stable isotope-based paleoaltimetry: implications for paleoaltimetry and paleohypsometry of the High Himalaya since the Late Miocene. *Earth and Planetary Science Letters*, **188**, 253–268.

Rowley, D.B., 2002. Rate of plate creation and destruction: 180 Ma to present. *Geological Society of America Bulletin*, **114**, 927–933.

Royer, D.L., 2006. CO_2-forced climate thresholds during the Phanerozoic. *Geochimica et Cosmochimica Acta*, **70**, 5665–5675

Royer, D.L., Berner, R.A., Beerling, D.J., 2001. Phanerozoic atmospheric CO_2 change: evaluating geochemical and paleobiological approaches. *Earth-Science Reviews*, **54**, 349–392.

Royer, D.L., 2003, Estimating latest Cretaceous and Tertiary atmospheric CO_2 from stomatal indices, In: Wing, S.L., Gingerich, P.D., Schmitz, B., Thomas, E. (eds.), *Causes and Consequences of Globally Warm Climates in the Early Paleogene: Boulder, Colorado, Geological Society of America Special Paper*, **369**, pp. 79–93.

Royer, D.L., Berner, R.A., Park, J., 2007. Climate sensitivity constrained by CO_2 concentrations over the past 420 million years. *Nature*, **446**, 530–532.

Royer, D. L., Pagani, M., Beerling, D.J., 2012. Geobiological constraints on Earth system sensitivity to CO_2 during the Cretaceous and Cenozoic. *Geobiology*, **10**, 298–310.

Saal, A.E., Hauri, E.H., Langmuir, C.H., Perfit, M.R., 2002. Vapour undersaturation in primitive mid-ocean-ridge basalt and the volatile content of earth's upper mantle. *Nature*, **419**, 451–455.

Salamy, K.A., Zachos, J.C., 1999. Latest Eocene-Early Oligocene Climate Change and Southern Ocean Fertility: Inferences from Sediment Accumulation and Stable Isotope Data. *Palaeogeography, Palaeoclimatology, Palaeoecology*, **145**, 61–77.

Sandberg, P.A., 1983, An oscillating trend in Phanerozoic nonskeletal carbonate mineralogy. *Nature*, **305**, 19–22.

Sano, Y., Williams, S.N., 1996. Fluxes of mantle and subducted carbon along convergent plate boundaries. *Geophysical Research Letters*, **23**, 2749–2752.

Sarda, S.P., Graham, D., 1990. Mid-ocean ridge popping rocks: implications for degassing at ridge crests. *Earth and Planetary Science Letters*, **97**, 268–289.

Savin, S.M., Douglas, R.G., Stelli, F.G., 1975. Tertiary marine paleotemperatures. *Geological Society of America Bulletin*, **86**, 1490–1510.

Savin, S., 1977. The history of the earth's surface temperature during the past 100 million years. *Annual Review of Earth Planetary Science*, **5**, 319–355.

Savin, S.M., Abel, L., Barrera, E., Hodell, D., Kennnett, J.P., Murphy, M., Keller, G., Killinglley, J., Vincent, E., 1985. The evolution of Miocene surface and near-surface marine temperatures: Oxygen isotopic evidence. In: Kennett, J.P., Shackleton, N.J. (eds.), *The Miocene Ocean: Paleoceanography and Biogeography, Geological Society of America Memoiors*, **163**, pp. 49–82.

Scher, H., Martin, E.E., 2006. Timing and climatic consequences of the Opening of Drake Passage. *Science*, **21**, 428–430.

Schidlowski, M., 1998. A 3,800-billion-year isotopic record of life from carbon in sedimentary rocks. *Nature*, **333**, 313–318.

Shackleton, N.J., 1984. Oxygen isotope evidence for Cenozoic climate change, In: P. Brenchley (ed.), *Fossils and Climate*, Wiley, London, pp. 27–34.

Shackleton, N.J., Kennett, J.P., 1975. Paleotemperature history of the Cenozoic and the initiation of Antarctic glaciation: oxygen and carbon isotope analyses in DSDP Sites 277, 279, and 281. Initial Reports Deep Sea Drilling Project, 29, pp. 743–755.

Shackleton, N.J., Hall, M.A., Bleil, U., 1985. Carbon Isotope Stratigraphy, Site 577. In: Hearth, G.R., Burckle, L.H., D'Agostino, A.R., Bleil, U., Horai, K., Jacobi, R.D., Janecek, T.R., Koizumi, I., Krissek, L.A., Monechi, S., Lenotre, N., Morley, J.J., Schultheiss, P., Wright, A.A. (eds.), *Initial Reports of the Deep Sea Drilling Project*, **86**, U. S. Government Printing Office, Washington D.C., pp. 503–511.

Shikazono, N., 1998. Hydrothermal activity and global CO_2 cycle in Cenozoic. *Journal of Geography*, **107**, 127–131 (in Japanese, with English Abstr.).

Shikazono, N., 1999. Carbon dioxide flux due to hydrothermal venting from back-arc basin and island arc and its influence on the global carbon dioxide cycle. *Ninth Annual V. M. Goldschmidt Conference Abstract*, pp. 272.

Sluijs, A., Brinkhuis, H., Schouten, S., Bohaty, S.M., John, C.M., Zachos, J.C., Reichart, G.-J., Sinninghe Damsté, J.S., Crouch, E.M., Dickens, G.R., 2007. Environmental precursors to rapid light carbon injection at the Palaeocene/Eocene boundary. *Nature*, **450**, 1218–1221.

Sluijs, A., Röhl, U., Schouten, S., Brumsack, H.-J., Sangiorgi, F., Damsté, J.S.S., Brinkhuis, H., 2008. Arctic late Paleocene–early Eocene paleoenvironments with specialemphasis on the Paleocene-Eocene thermal maximum (Lomonosov Ridge, Integrated Ocean Drilling Program Expedition 302). *Paleoceanography*, **23**, doi:10.1029/2007PA001495.

Southam, J.R., Hay, W.W., 1977. Time scales and dynamic models of deep-sea sedimentation. *Journal of Geophysical Research*, **82**, 3825–3842.

Spicer, R.A., Harris, N.B.W., Widdowson, M., Herman, A.B., Guo, Shuangxing, Valdes, P.J., Wolfe, J.A., Kelley, S.P., 2003. Constant elevation of southern Tibet over the past 15 million years. *Nature*, **421**, 622–624.

Stanley, S.M., Hardie, L.A., 1998, Secular oscillations in the carbonate mineralogy of reefbuilding and sediment-producing organisms driven by tectonically forced shifts in seawater chemistry. *Palaeogeography, Palaeoclimatology, Palaeoecology*, **144**, 3–19.

Staudigel, H., Hart, S.R., Schmincke, H.U., Smith, B.M., 1989. Cretaceous Ocean Crust at Dsdp Site-417 and Site-418-Carbon Uptake from Weathering Versus Loss by Magmatic Outgassing.

Geochimica et Cosmochimica Acta, **53**, 3091-3094.

Steuber, T., Veizer, J., 2002. Phanerozoic record of plate tectonic control of seawater chemistry and carbonate sedimentation. *Geology*, **30**, 1123-1126.

Stickley, C.E., Brinkhuis, H., Schellenberg, S.A., Sluijs, A., U. Röhl, U., Fuller, M., Grauert, M., Huber, M., Warnaar, J., Williams, G.L., 2004. Timing and nature of the deepening of the Tasmanian Gateway. *Paleoceanography*, **19**, PA4027, doi:10.1029/2004PA001022.

Stoll, H.M., Schrag, D.P., 1998. Effects of Quaternary sea level cycles on strontium in seawater. *Geochimica et Cosmochimica Acta*, **62**, 1107-1118.

Storey, M., Duncan, R.A., Swisher, III, C.C., 2007. Paleocene-Eocene Thermal Maximum and the Opening of the Northeast Atlantic. *Science*, **316**, 587-589.

Sun, J., Zhu, R., An, Z., 2005. Tectonic uplift in the northern Tibetan Plateau since 13.7 Ma ago inferred from molasse deposits along the Altyn Tagh Fault. *Earth and Planetary Science Letters*, **235**, 41-653.

Svensen, H., Planke, S., Malthe-Sørenssen. A., Jamtveit, B., Myklebust, R., Rasmussen Eidem, T., Rey, S.S., 2004. Release of methane from a volcanic basin as a mechanism for initial Eocene global warming. *Nature*, **429**, 542-545.

Sverdrup, H., Warfvinge, P., 1995. Estimating field weathering rates using laboratory kinetics. *Reviews in Mineralogy and Geochemistry*, **31**, 485-541.

Swoboda-Colberg, N.G., Drever, J.I., 1993. Mineral dissolution rates in plot-scale field and laboratory experiments. *Chemical Geology*, **105**, 51-69.

Tajika, E., 1998. Climate change during the last 150 million years: reconstruction from a carbon cycle model. *Earth and Planetary Science Letters*, **160**, 696-707.

Tanai, T., 1961. Neogene floral change in Japan. *Journal of Faculty of Science, Hokkaido University*, **11**, 119-398, pls. 1-32.

Tardy, Y, N'Kounkou, R, Probst, J.L., 1989. The global water cycle and continental erosion during Phanerozoic time (570 my). *American Journal of Science*, **289**, 455-483.

Taylor, A.S., Lasaga, A.C., 1999. The role of basalt weathering in the Sr isotope budget of the oceans. *Chemical Geology*, **161**, 199-214.

Tripati, A., Elderfield, H., 2005. Deep-Sea Temperature and Circulation Changes at the Paleocene-Eocene Thermal Maximum. *Science*, **308**, 1894-1898.

Tripati, A.K., Eagle, R.A., Morton, A., Dowdeswell, J.A., Atkinson, K,L., Bahé, Y., Dawber, C.F., Khadun, E., Shaw, R.M.H., Shorttle, O., Thanabalasundaram, L., 2008. Evidence for glaciation in the Northern Hemisphere back to 44 Ma from ice-rafted debris in the Greenland Sea. *Earth and Planetary Science Letters*, **265**, 112-122.

Tripati, A.K., Allmon, W.D., Sampson, D.E., 2009. Possible evidence for a large decrease in seawater strontium/calcium ratios and strontium concentrations during the Cenozoic. *Earth and Planetary Science Letters*, **282**, 122-130.

Tyrrell, T., Zeebe, R.E., 2004. History of carbonate ion concentration over the last 100 million years. *Geochimica et Cosmochimica Acta*, **68**, 3521-3530.

Uhl, D., Mosbrugger, V., Bruch, A.A., Utescher, T., 2003. Reconstructing palaeotemperatures using leaf floras-case studies for a comparison of leaf margin analysis and the coexistence approach. *Review of Palaeobotany and Palynology*, **126**, 49-64.

Urabe, T, Baker, E.T., Ishibashi, J, Feely, R.A, Marumo, K., Massoth, G.J., Maruyama, A., Shitashima, K., Okamura, K., Lupton, J.E., Sonoda, A., Yamazaki, T., Aoki, M., Gendron, J., Greene, R., Kaiho, Y., Kisimoto, K., Lebon, G., Matsumoto, T., Nakamura, K., Nishizawa, A., Okano, O., Paradis, G.,

Roe, K., Shibata, T., Tennant, D., Vance, T., Walker, S.L., Yabuki, T., Ytow, N., 1995. The effect of magmatic activity on hydrothermal venting along the superfast-spreading East pacific rise. *Science*, **268**, 1092–1095.

Utescher, T., Mosbrugger, V., Ashraf, A.R., 2000. Terrestrial climate evolution in Northwest Germany over the last 25 million years. *Palaios*, **15**, 430–449.

van Andel, T.H., 1975. Mesozoic/Cenozoic calcite compensation depth and the global distribution of calcareous sediments. *Earth and Planetary Science Letters*, **26**, 187–194.

van Andel, T.H., Heath, G.R., Moore, T.C. Jr., 1975. Cenozoic history and paleoceanography of the central equatorial Pacific Ocean. *Geological Society of America Memoirs*, **143**, 127–134.

Varekamp, J.C., Kreulen, R., Poorter, R.P.E., Van Bergen, M.J., 1992. Carbon sources in arc volcanism, with implications for the carbon cycle. *Terra Nova*, **4**, 363–373.

Veizer, J., 1989. Strontium isotopes in seawater through time. *Annual Review of Earth and Planetary Science*, **17**, 141–167.

Veizer, J., Ala, D., Azmy, K., Bruckschen, P., Buhl, D., Bruhn, F., Carden, G.A.F., Diener, A., Ebneth, S., Goddéris, Y., Jasper, T., Korte, C., Pawellek, F., Podlaha, O.G., Strauss, H., 1999. $^{87}Sr/^{86}Sr$, $\delta^{13}C$, and $\delta^{18}O$ evolution of Phanerozoic seawater. *Chemical Geology*, **161**, 59–88.

Veizer, J., Goddéris, Y., François, L.M., 2000. Evidence for decoupling of atmospheric CO_2 and global climate during the Phanerozoic eon. *Nature*, **408**, 698–701.

Vincent, E., Berger, W.H., 1985. Carbon dioxide and polar cooling in the Miocene: the Monterey hypothesis. In: E. T. Sundquist and W. S. Broecker (eds.), *The Carbon Cycle and Atmospheric CO_2: Natural Variations Archean to Present, Geophysical Monograph*, **32**, pp. 455–468.

Vitousek, P.M., Chadwick, O.A., Crews, T.E., Fownes, J.H., Hendricks D.M., Herbert, D., 1997. Soil and ecosystem development across the Hawaiian Islands. *GSA Today*, **7**, 1–8.

Volk, T., 1987. Feedbacks between weathering and atmospheric CO_2 over the last 100 million years. *American Journal of Science*, **287**, 763–779.

Volk, T., 1989. Sensitivity of climate and atmospheric CO_2 to deep-ocean and shallow-ocean carbonate burial. *Nature*, **337**, 637–640.

Waldbauer, J.R., Chamberlain, C.P., 2005. Influence of uplift, weathering and base cation supply on past and future CO_2 levels. In: Ehleringer, J.R., Cerling, T.E., Dearing, M.D. (eds.), *A History of Atmospheric CO_2 and its Effects on Plants, Animals and Ecosystems, Ecological Studies*, **177**, pp. 166–184.

Walker, J.C.G., Hays, P.B., Kasting, J.F., 1981. A negative feedback mechanism for the long-term stabilization of Earth's surface temperature. *Journal of Geophysical Research*, **86**, 9776–9782.

Wallmann, K., 2001. Controls on the Cretaceous and Cenozoic evolution of seawater composition, atmospheric CO_2 and climate. *Geochimica et Cosmochimica Acta*, **18**, 3005–3025.

White, J.M., Ager, T.A., Adam, D.P., Leopold, E.B., Li, G., Jette, H., Schweger, C.E., 1997. An 18 million year record of vegetation and climate change in northwestern Canada and Alaska: tectonic and global climatic correlates. *Palaeogeography, Palaeoclimatology, Palaeoecology*, **130**, 293–306.

White, A.F., Brantley, S.L., 2003. The effect of time on the weathering of silicate minerals: why do weathering rates differ in the laboratory and field? *Chemical Geology*, **202**, 479–506.

Wilson, G.S., Pekar, S.F., Naish, T.R., Passchier, S., DeConto, R., 2008. The Oligocene-Miocene Boundary-Antarctic Climate Response to Orbital Forcing. *Developments in Earth and Environmental Sciences*, **8**, 369–400.

Wing, S.L., Greenwood, D.R., 1993. Fossils and fossil climate: the case for equable continental interiors in the Eocene. *Philosophical Transactions of the Royal Society of London, Series B*,

Biological Sciences, **341**, 243-252.

Wolfe, J.A., 1978. A paleobotanical interpretation of Tertiary climates in the Northern Hemisphere. *American Scientist*, **66**, 694-703.

Wolfe, J.A., 1979. Temperature parameters of humid to mesic forests of eastern Asia and relation to forests of other regions of the northern hemisphere and Australia. *U.S. Geological Survery Professional Paper*, **1106**, 1-37.

Wolfe, J.A., 1995. Paleoclimatic estimates from Tertiary leaf assemblages. *Annual Review of Earth and Planetary Science*, **23**, 119-142.

Wolfe, J.A., Hopkins, 1967. Climatic changes recorded by Tertiary land floras in northwestern North America. *Pacific Science Congress, 11th Tokyo, 1966 Symposium 25*, Hatai, K., (ed.), 67-76.

Woodruff, F., Savin, S.M., 1989. Miocene deepwater oceanography. *Paleoceanography*, **4**, 87-140.

Woodward, F.I., 1987. Stomatal numbers are sensitive to increases in CO_2 from pre-industrial levels. *Nature*, **327**, 617-618.

Wright, J.D., Miller, K.G., 1992. Miocene stable isotope stratigraphy, Site 747, Kerguelen Plateau. In: Wise, S.W., Jr., Schlich, R., Julson, A.A.P., Aubry, M-P., Berggren, W.A., Bitschene, P.B., Blackburn, N.A., Breza, J., Coffin, M.F., Harwood, D.M., Heider, F., Holmes, M.A., Howard, W.R., Inokuchi, H., Kelts, K., Lazarus, D.B., Mackensen, A., Maruyama, T., Munschy, M., Pratson, E., Quilty, P.G., Rack, F., Salters, V.J.M., Sevingy, J.H., Storey, M., Takemura, A., Watkins, D.K., Whitechurch, H., Zachos, J. (eds.), *Proceedings of the ODP Scientific Results*, **120**, College Station, TX (Ocean Drilling Program), 855-866.

Wright, J.D., Miller, K.G., 1996, Control of North Atlantic deep water circulation by the Greenland-Scotland Ridge. *Paleoceanography*, **11**, 157-170.

You, Y., Huber, M., Muller, R.D., Poulsen, C.J., Ribbe, J., 2009. Simulation of the Middle Miocene climatic optimum. *Geophysical Research Letters*, **36**, L04702, doi:10.1029/2008GL036571.

Zachos, J.C., Lohmann, K.C., Walker, J.C.G., Wise, S.W., 1993. Abrupt climate change and transient climates during the Paleogene: a marine perspective. *Journal of Geology*, **101**, 191-213.

Zachos, J.C., Stott, L.D., Lohmann, K.C., 1994. Evolution of early Cenozoic marine temperatures. *Paleoceanography*, **9**, 353-387.

Zachos, J.C., Quinn, T.M., Salamy, K.A., 1996. High-resolution (10^4 years) deep-sea foraminiferal stable isotope records of the Eocene–Oligocene climate transition. *Paleoceanography*, **11**, 251-266.

Zachos, J.C., Flower, B.P., Paul, H., 1997. Orbitally paced climate oscillations across the Oligocene/Miocene boundary. *Nature*, **388**, 567-570.

Zachos, J.C., Opdyke, B.N., Quinn, T.M., Jones, C.E., Halliday, A.N., 1999. Early cenozoic glaciation, Antarctic weathering, and seawater $^{87}Sr/^{86}Sr$: Is there a link? *Chemical Geology*, **161**, 165-180.

Zachos, J.C., Pagani, M., Sloan, L., Thomas, E. and Billups, K., 2001a. Trends, Rhythms, and Aberrations in Global Climate 65 Ma to Present. *Nature*, **292**, 686-693.

Zachos, J.C., Shackleton, N.J., Revenaugh, J.S., Pälike, H., Flower, B.P., 2001b. Climate Response to Orbital Forcing Across the Oligocene-Miocene Boundary. *Science*, **292**, 274-278.

Zhao, W -L., Morgan, W. -J., 1985. Uplift of Tibetan Plateau. *Tectonics*, **4**, 359-369.

Zhu, B., Kidd, W.S.F., Rowley, D.B., Currie, B.S., Shafique, N., 2005. Age of initiation of the India-Asia collision in the east-central Himalaya. *The Journal of Geology*, **113**, 265-285.

柏木洋彦, 小川泰正, 鹿園直建, 2008. 炭素循環から考える新生代の気候変動. 地学雑誌, **117**, 1029-1050.

鹿園直建, 1995. スーパープリュームがもたらす地球環境変動 地球システム内のグローバル CO_2 循環. 科学, **65**, 324-332.

鹿園直建，1997．地球システム科学入門．東京大学出版会，228p.
鹿園直建，1998．第三紀気候変動に対するグローバル二酸化炭素循環の影響．地学雑誌，**107**，317-333.
鹿園直建，2009．地球惑星システム科学入門．東京大学出版会，232p.
植村和彦，1993．大型植物化石に基づく新生代の古気候変遷と気温．化石，**54**，24-34.

おわりに

地球システムは，大気圏－海洋圏－岩石圏－生物圏といったそれぞれ性質の異なるサブシステムからなり，これらの間ではつねに無数の地球化学的プロセスが起きている。しかしながら，本書で紹介したグローバル炭素循環モデルは，風化，火成活動，有機炭素の風化・埋没といった数種の地球化学的プロセスによって炭素循環を表わしている。それにもかかわらず，これらのプロセスに基づき構築されたグローバル炭素循環モデルは，プロキシによる気候変動の推定と比肩するレベルで過去の気候を復元している。これはじつに驚くべきことであることを強調したい。

ただ，このようなグローバル炭素循環モデルも，すべてが数的処理されているわけではなく，分析データ，すなわち地質学的データに基づいて構築されているということを忘れてはならない。この点につき，Raymo（1997）やBoucot and Gray（2001）は，モデル研究においては，その基礎的データの収集にさらに力が注がれるべき旨を指摘している。数値モデルは，プロキシのような従来の分析的研究と相対立する存在ではけっしてなく，実際の自然現象を離れて「架空に」存在するものであってもならない。元来，炭素循環は，典型的な境界領域であり，地質時代におけるグローバル炭素循環の理解も，地質学のみならず，海洋学，大気科学，生物学など，さまざまな分野からの視点が要求される。1つの視点にこだわらず，各方面からの知見を積極的に取り込むことが必要である。

ところで，このグローバル炭素循環モデルは，過去の時代の炭素循環を再現するモデルであり，人類の活動は含まれていない。しかし，人類による化石燃料の使用（燃焼）という行為は，このモデルでいうところの有機物の酸化的分解というプロセスに該当する。要するに両者は，炭素の酸化に伴うCO_2の大気への放出が，人間活動によって行なわれるか，その他の生物活動によって行なわれるか，のちがいに「過ぎない」。

「過ぎない」という表現に賛同できるか否か，これは物事をどこまで現象論的に捉えるかという問題であり，個々人の世界観に通じるものである。したがって，これに正解・不正解というものはない。むしろ，やや違和感があるのが日常的な感覚であろう。

ただ，時には日常的・現象論的な把握を越えて，自然現象・物理現象をその本質から眺めるといった視点も，また新鮮である。本書が，そのためのツールとなっていれば，著者としては幸いである。

索　引

【さ行】

【た行】

【な行】

【は行】

【ま行】

【や行】

【ら行】

【著者紹介】

柏木洋彦（かしわぎ・ひろひこ）
1975年生まれ。慶應義塾大学理工学部応用化学科卒業，同大学院理工学研究科開放環境科学専攻後期博士課程修了，中央大学法科大学院修了。現在は一色国際特許業務法人に勤務。博士（工学），法務博士（専門職）。

鹿園直建（しかぞの・なおたつ）
1946年生まれ。東京大学理学部地学科卒業，同大学院理学系研究科地質学博士課程修了。慶應義塾大学名誉教授。2004～2006年資源地質学会会長。2014年4月逝去。著書に，『地球学入門』（慶應義塾大学出版会，2006年），『地球システム環境化学』（東京大学出版会，2010年），『地球惑星システム科学入門』（東京大学出版会，2009年）など多数。

地球温暖化シミュレーション
――地質時代の炭素循環――

2015年3月14日　初版第1刷発行

著　者――――柏木洋彦・鹿園直建
発行者――――坂上　弘
発行所――――慶應義塾大学出版会株式会社
〒108-8346　東京都港区三田2-19-30
TEL〔編集部〕03-3451-0931
〔営業部〕03-3451-3584〈ご注文〉
〔　〃　〕03-3451-6926
FAX〔営業部〕03-3451-3122
振替　00190-8-155497
http://www.keio-up.co.jp/
装　丁――――大貫デザイン事務所
組　版――――ステラ
印刷・製本――中央精版印刷株式会社

Printed in Japan　ISBN 978-4-7664-2202-3